JN006922

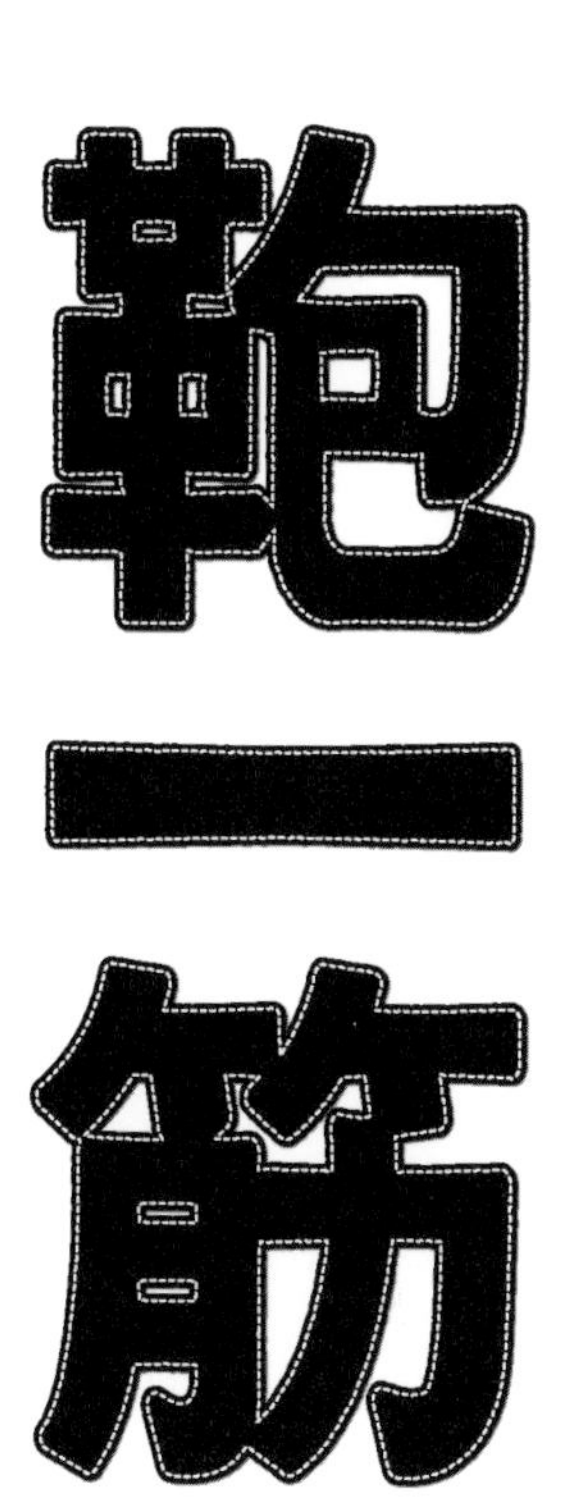

井上和夫
Inoue Kazuo

幻冬舎 MC

鞄一筋

はじめに

1963年（昭和38年）。私が株式会社井野屋を創業した当時、日本は「激動の時代」の真っただ中にいました。

戦火で焼け野原となった町には新しい建物が次々に立ち並び、戦争特需により経済は高度成長期に突入。さらに国外から流入した食事やファッションといった新しい文化が広がるなど、環境はめまぐるしく変化していったのです。

その後もバブル崩壊やリーマンショックなど、さまざまな危機や時代の転機を迎えるたびに私たちの日常は大きく変化しましたが、人々はそんな変化に翻弄されながらもたくましく生きてきました。

私もそのなかの一人で、過去のピンチは数知れず。時には想像を絶する大きな波に襲われ、すべてを失いかけたときもありました。

けれども、そんな逆境を乗り越えられたのは常に自分の選んだ道から逃げることなく立ち向かい、ピンチをチャンスに変えてきたからにほかなりません。

私の人生は、振り返ってみればまさに「鞄一筋」でした。

高校を卒業後、右も左も分からず大阪の鞄卸会社に就職。当時、鞄卸という職種はアパレルに比べて商いの規模が小さく、家族を養い人生を賭すには飛び込む業界を誤ったと思ったものです。ただ「始めたからには10年間は頑張ろう」と誓った私は卸という仕事を学ぶため、流通の最先端をいっていたアメリカの書籍や雑誌をひたすら読み漁りました。そこで目を付けたのが、当時まだ日本でも台頭し始めたばかりのチェーンストアでした。チェーンストアは専門店に比べ卸価格は抑えられるのですが、販売数が桁外れに多いため結果的に売上が大きくアップします。そこで独立後は業界に先駆けてチェーンストアを中心に取引を開始し、業績を大きく伸ばしていったのです。

しかし、そんな状況は長く続きません。独立して7～8年が経つと業績は急激に右肩下がりに。原因は競合他社の増加に加え、チェーンストアが店舗仕入から本部一括仕入へ移行したことでした。店舗仕入であれば各店舗の顔見知りの担当者と話をすれば仕事につながったのですが、本部一括仕入へと一斉にシフトしたことにより大量に取引をする代わりに値引きを求められ、交渉する担当者の顔が見えなくなってしまったことで価格交渉の余地がなくなってしまったのです。

それにより売上は大きく落ち込み、倒産のピンチに陥りました。私は当時で1億円を超えるまで膨らんだ債務を返済するために大阪・東住吉に190坪あった本社兼住居の土地の半分を処分せざるを得ず、最後は家族6人で大阪・天王寺の19坪の長屋に引っ越しました。結果的には倒産の危機を逃れられたのですが、この経験はとても苦いものでした。

しかし、そこで終わるわけにはいきません。思い返せば倒産の危機を招いた原因は、業績が好調のなか慢心し、刻々と移り変わる時流を読むことをおろそかにしたことでした。心機一転、初心に戻り〝鞄で生きる〟という決意のもと、私は井野屋の新たな道を模索し始めました。

そして行き着いたのは、当時はまだ珍しかった海外委託生産でした。社内で企画・デザインをし、製造コストの安い台湾で委託生産をするという手法は鞄業界ではまだどこも取り入れていませんでした。軌道に乗るまでに7~8年かかりましたが、この戦略によって井野屋の経営はV字回復を遂げることができたのです。

さらに、メンズカジュアルバッグというこれまでになかった市場も創出しました。1994年（平成6年）当時、メンズではビジネスバッグしかありませんでしたが、これからは男性もオシャレなバッグを持つようになると読み、カラフルなキャンバス地にスエードを合わせたカジュアルバッグを実験的に作ったところ、次第に若者からの注目を集めていったのです。また、これからはバッグの分野において少々価格が高くてもMADE IN JAPANであることが付加価値となると考え、国内の職人の手で斬新なデザインのメンズカジュアルバッグを作り、売り出すと爆発的に売上を伸ばしていったのです。これが、オシャレに持てるメンズバッグの先駆け「master-piece（マスターピース）」が誕生した瞬間でした。

その後もほかではやっていないことを手掛けてきました。いまやアパレルでは常識となっている原材料の仕入から企画、製造、卸、小売までを一貫して行うＳＰＡ（Speciality store retailer of Private label Apparelの略）を鞄業界でいち早く取り入れたのもその一つです。

成功ばかりではなく失敗も数知れずありましたが、鞄にこだわり続け、そのなかで変革を続けてきたことが長きにわたって井野屋を続けてこられた理由だと考えています。

現在、新型コロナウイルスの世界的な蔓延により、世の中は大きく変化しています。会社や学校に行くことはおろか、面と向かって人と話すことさえ躊躇われるときが訪れようとは、少し前まで想像すらしていませんでした。まさに当たり前だったことが当たり前ではなくなる。すべての価値観が変わる瞬間を私たちは目の当たりにしています。

しかし、企業は変化に対応できなければ生き残ることができません。どんなに環境が激変しても生き残る企業は必ずあります。変化を乗り越えるなかで企業はさらに強くなっていくのです。

高校生の頃、所属していたボート部ではタイムの速いクルーはいつも決まっていました。彼らはたとえどんな川の流れの中でも漕ぎ方や力の入れ具合を変えることによって対応し、しっかり結果を残していました。

同じようにどんな状況にあっても時流を読み、想像力を働かせて最も効果的な戦略を引き出せる企業はそうそう簡単に潰れることはありません。井野屋がここまで続けてこられたのは、これを愚直に実践してこられたからだと自負しています。それは、本書で記した私の鞄一筋の人生が証明しています。

本書が、鞄をはじめとしたファッション業界に身を置く方、ブランディングやマーケティング、事業戦略に携わる方たちのヒントになれば、著者としては望外の喜びです。

目次

第４章　生き残るために選んだのは卸売業からの脱却
――すべてを投じて臨んだ中国の生産工場と自社流通センター建設

第5章

メンズバッグに革命を起こす
――人気ブランド「master-piece」を誕生させ、鞄業界での地位を確立

第6章

人生を鞄に捧げた68年
――後継者の死で気づいた井野屋のこれから。仕事に惚れて貫けば、事業は必ず成功する

プロローグ

「商人の町・大阪船場で、最も厳しい会社に行きたいと思います」

高校2年の夏。同級生の多くが大学進学を希望するなか、就職することを決めていた私が進路相談の先生にこのように伝えたのは、今から約70年前。

鞄一筋となる私の人生の幕開けでした。

地元で随一の進学校に入学した私でしたが、いわゆる〝五反百姓（五反歩という小さな農地しか持たず、食べるのが精一杯の農家という意味）〟の長男として生まれたため、高校卒業後は就職するという選択肢しか残されていませんでした。

当時、高校2年の夏には卒業後の進路を決定しなければいけませんでした。同級生の多くは大学進学のため、そろそろ受験勉強を本格的に始めようかという時期です。友達との会話のなかでも、どこの大学に行きたいのか、学部はどこがいいのか、東京なのか、関西なのか……など、大学進学についての話題が多く出始めた頃でもありました。彼らが華々しい人生のスタートラインに立とうとしているなか、私は就職することを決心していました。その決心に微塵（みじん）の迷いもありませんでしたが、心のどこかで引け目を感じていたのも事実です。

「大学に行くやつらには絶対負けへん！　一日でも早く仕事を覚えて自分の会社を興し、彼らが羨むくらいの人生を歩んだる！」

そんな悔しい気持ちこそが、私の鞄人生の糧となっていくのです。

１９３５年（昭和10年）、私は滋賀県大津市で井上家の長男として生を受けました。農家をしていた両親のもとに生まれた私は、５歳上の姉と、５歳下の弟と９歳下の妹という６人家族のなかで少年時代を過ごします。

ちなみに、私が生まれた翌年には二・二六事件が起こり、１９３７年（昭和12年）には日中戦争、そして１９４１年（昭和16年）には太平洋戦争が勃発。国が戦争へと大きく舵を取り、そして終戦を迎えるという激動の時代でした。

戦争状態が長引くにつれ、日本は飢餓状態に陥っていきました。それは食べ物を作っている農家も同じでした。なぜかといえば、軍への食糧供出があったからです。戦地にいる兵士の皆さんがお国のために戦えるように、食糧を戦地に送らなければなりませんでした。そのために、政府は農家から強制的に一定量の米や麦などを買い上げる供出制度を取っていたのです。農家は自分の家で消費する米以外の全量を供出しなければいけません。自家消費米の量も厳しく査定されていました。供出する量は作付面積に応じて決められており、たとえ不作でも決まった量の供出をしなければならず、農家の食糧事情も厳しさを増していました。

平時でさえ食べていくのが精一杯だった我が家では家計が逼迫していました。まだ幼かった私と姉は、学校が終わったらすぐに家に帰り、親の農作業を手伝う日々を送っていたのです。

終戦を迎えたあとも余裕のない生活は変わりませんでした。弟や妹が生まれたこともあり、生活はますます困窮していきました。

「まず家族が食べていけるようにしないといけない」

そのためにはどうすればいいのかを幼い頭で一生懸命考えたものです。

そんな厳しい生活のなかでしたが、私は勉強が好きで勉学に励むようになります。知識欲があったというのでしょうか、学校の勉強以外にも、疑問を持てばなんでも調べようとする子どもでした。学校以外ではほとんど勉強する時間はありませんでしたが、小学校、中学校と、常に学年で上位の成績を取っていました。

成績優秀だった私は、関西でも有数の進学校、滋賀県立大津東高等学校（現・滋賀県立膳所高等学校）に入学します。１８０８年（文化5年）に開校した膳所藩の藩校「遵義堂（じゅんぎどう）」の跡地に、１８９８年（明治31年）に滋賀県第二尋常中学校として開校した歴史のある学校です。文武両道、自主自立という校風を持つこの学校で、私は伸び伸びとした高校生活を送ることができました。ちなみに、私が在学していた当時と変わらず、今も京都大学や大阪大学、神戸大学などに多くの合格者を輩出しているのはうれしい限りです。

大津東高校へと入学し夢中になったのが、ボートでした。私が生まれ育った滋賀県大津市は、日本のボート競技の聖地・琵琶湖漕艇場の近くで、当たり前のように、ボート競技を身近に感じながら育ちました。

琵琶湖漕艇場では、大きな大会が頻繁に開催されていましたが、なかでも人気があったのが、東京大学と京都大学の対抗競漕大会（ボート双青戦）でした。イギリスのケンブリッジ大学とオックスフォード大学の対抗戦にならい、日本で初めて開催された「エイト」（8人が漕ぎ手で1人が舵取り役となるボート競技）の対抗レースで、全国から多くの観客が集まっていました。琵琶湖漕艇場の両岸に、東京大学の淡青色、京都大学の濃青色の応援旗がたなびく光景は今でも目に焼き付いています。

そんなボートへの憧れから、私は高校入学と同時に伝統のあるボート班へ入部します。膳所高校となった今も同じ呼び方をしているとのことですが、当時からクラブのことを「班」と呼ぶ習わしがありました。高校のクラブ活動としては珍しい漕艇ですが、学校の設立と同時に創部された伝統と実績のあるクラブで、全国でも有数の漕艇強豪校として名を馳せていました。

私が担当したのは、「コックス」でした。コックスは、舵を切り、コールをするのが役目です。ボートは一度水上に出てしまったら監督の声は届きません。そのため、コックスは唯一、刻々と移り変わる状況を客観的にとらえて、メンバーに的確な情報を伝える存在です。オールを漕いだときに立つ水面の泡の立ち具合や、渦の様子に対し、どうすれば流れに乗れるのか、具体的な方策を瞬時に考え、漕ぎ手に指示を出さなければいけないのです。

流れをしっかりと見極めて、それを行動に移すというコックスの役割は、ビジネスの世界にも大いに通じるものがある、と感じます。

日々の厳しい練習のおかげで、1952年（昭和27年）に東北（福島県・宮城県・山形県）で行われた第7回国民体育大会に滋賀県代表として出場します。

競艇競技の会場となったのは、福島県の会津磐梯山（あいづばんだいさん）のずっと奥にある阿賀野川というところでした。部員全員で現地まで行き、大会に出場したのは良い思い出となっています。

結果は2回戦で敗退しましたが、厳しい練習に耐え、汗と涙を一緒に流した日々は、その後の私の鞄人生に大きな影響を与えてくれました。

漕艇漬けの高校生活でしたが、クラブが休みに入ると親戚が大阪・岸和田の駅前で営んでいた洋品店でアルバイトをしました。岸和田といえば、少し前にNHKの朝の連続ドラマでやっていたコシノ3姉妹（コシノヒロコ・ジュンコ・ミチコ）の母親であり、ファッションデザイナーとして活躍した小篠綾子さんをモデルにした「カーネーション」の舞台。〝だんじり〟で知られる岸和田は、当時から「ミス岸和田」や「時代行列」といった行事を独自に企画するなど、大阪のなかでもパワーみなぎる土地として知られていました。

昭和20年代は、まだまだモノが足りなかった時代でしたが、服に対する渇望が強かった時代です。パリから始まった世界的なファッションブームに加え、映画をきっかけとしたスタイルも流行します。

1953年（昭和28年）に『君の名は』という映画が大ヒットし、ヒロインの真知子が映画のなかで薄手のショールを首から頭に巻いたスタイルをしていたことから、そのスタイルが「真知子巻き」として日本中で流行しました。岸和田のお店は、そんなファッションに敏感な人たちでにぎわっていたのです。

服を買ったり、作ったりすることに憧れる人が多く、アパレル関連の仕事は当時、人気の職業の一つでした。

「就職をするならば、アパレル関係も良いかもしれん……」

高校を卒業したら就職することは決めていたものの、まだ明確な行き先を決めていなかった私は、大津から岸和田への行き帰りの電車の中で、そんなことをぼんやりと考えていました。

私が就職をしたいと考えていた理由、それは商いを学んでいち早く独立起業し、家族を助けたいと思っていたからです。私にとって就職する会社が何を作って、何を売っているのかは関係ありません。就職する先は商いを学ぶための修業の場でしかなく、厳しければ厳しいほど良い。そんなふうに考えていました。

「商売を学ぶならば、大阪・船場で働きたい」という場所に対するこだわりもありました。私の祖父はもともと船場で米屋を経営していました。かなり羽振りが良かったようですが、株の投資で失敗し、お店を畳まなければいけない状態に陥ります。失意のまま、生まれ故郷の大津に戻り、農家を始めたという経緯がありました。

祖父は幼かった私に、船場で商売をしていた頃の話をよく聞かせてくれました。そのなかで頻繁に出てきたのが、心斎橋にある三休橋（さんきゅうばし）という地名でした。大正後期から昭和初期にかけて大阪が華やかだった頃、目抜き通りの御堂筋と、船場のメインストリートである堺筋の間にある三休橋あたりを配達して回っていたとのことでした。祖父にとって、船場は忘れたくても忘れられない土地だったに違いありません。祖父のそんな思いに対し、

「じいちゃんの船場での失敗を自分が取り返したる！」

という気持ちが心のどこかにあり、進路相談の際に放った、

「商人の町・大阪船場で、最も厳しい会社に行きたいと思います」

という冒頭の言葉につながるのです。

大津東高校での進路相談の先生は、たまたまボート班の顧問でした。コックスとして私を育ててくれた恩師は、

「家族のために稼ごうと厳しい会社に行きたいとは、見上げた心意気だと思う。だけど、頭、体力、忍耐力のあるお前が高校を卒業してすぐに勤めるのはもったいない。どうにか大学への進学は考えられないか」

と最後まで説得してくださいました。

しかし、いくら言っても私の決心が変わらないと感じた先生は、就職先として船場にあった鞄卸の「平野屋」を紹介してくださいました。

それから数カ月後、卒業式を終えた私は、18年間過ごした滋賀県に別れを告げ、船場での鞄一筋の人生を歩み始めるのです。

第1章

船場でたたき込まれた、商いの「いろは」

——朝から晩までがむしゃらに働いた丁稚奉公時代

繊維の町として活気のあった大阪・船場

商いの町として知られる大阪・船場。その発祥は、豊臣秀吉が大阪城を築いた頃にさかのぼります。大勢の家臣団を住まわせるために城下町を整備。それに合わせて大阪城の西側に設けたのが、商人の町でした。そこに堺や伏見から商工業者を強制的に移住させたのが、船場の始まりといわれています。

名前の由来は、かつてその一帯が船着き場だったという説が一般的ですが、軍馬を水浴させた「洗場」や、戦争の地となった「戦場」など、諸説あるようです。

南北2キロ、東西1キロという狭いエリアの船場には、第二次世界大戦後は大阪の主要産業だった繊維関連のメーカーや商社が所狭しと集まり、問屋業者やアパレル業者など、さまざまな業者が軒を連ねていました。なかでも丼池筋(どぶいけすじ)と呼ばれる通りには、繊維卸売業者の店がひしめいていました。全国的に見ても早い時期にアーケードを設置したこの通りには、近畿はもちろん、西日本全域から行商人が集まり、すさまじいまでの活況を呈していたのです。滋賀の田舎から出てきたばかりの私にとって、それらの光景はまさしく別世界と呼ぶにふさわしいものでした。

終戦から8年経過した1954年（昭和29年）。私は高校を卒業し、船場にあった鞄卸会社の「平野屋」に入社しました。平野屋の周りは、大阪空襲のときに焼夷弾で一面を焼かれたため大きな建物はほとんどなく、小さな店が密集していました。そんな船場の東にある南久宝寺町に、ポツンとあった3階建てのビルが平野屋でした。50坪くらいの広さだったと記憶しています。

平野屋は、行商から始めた先代社長が終戦直後に鞄の卸売に切り替えた会社でした。繊維関連の業者が多いなか、鞄や袋物（一般的には紙入れやがま口、手提げ袋といった袋状の日用品の総称。ここでは裏生地のある手提げ袋のこと）を専門に扱う卸業者は多くありませんでしたが、平野屋は当時、その分野において大阪で最も大きな会社でした。その頃、大阪にあった大きな鞄卸はほかには広島屋くらいで、あとは小さなところばかり。東京では虎屋といったあたりが知られていました。

段ボールがない時代。朝から晩まで梱包用木箱に釘を打ち続けた

私が入社した頃、平野屋の従業員は19名ほどでした。1954年（昭和29年）といえば、戦後の高度経済成長期に、地方から集団就職でやってきた中卒労働者たちが〝金の卵〟と呼ばれていた時代でした。平野屋の従業員たちも、私以外は中卒の若者たちばかりでしたが、私は高卒採用の第1号として入社しました。当時、鞄卸の業界で高卒はほとんどいませんでした。そのことが、鞄卸という仕事の社会的地位が低かったことを如実に表しています。入社してみると、周りにいるのは同じ年の先輩や、三つ年下の同期などで、これまで経験したことのない不思議な感覚でした。

入社してから1年間はひたすら荷作りのための梱包作業に明け暮れました。当時は木箱を使って鞄を梱包していました。すでに段ボールは誕生していましたが、第二次世界大戦の空襲により段ボール産業の生産設備がほとんど焼け落ちてしまい、一度はすたれ

た木箱が再び使われていたのです。

これが本当に大変な重労働でした。板材に蓋をするのに釘を打ち付けるのですが、慣れるまで手にはいつも血豆ができていました。運ぶにも段ボールに比べて格段に重く、生傷が絶えませんでした。休みになって実家に帰ったときに、両親にその手を見られるのが嫌で隠していたのを思い出します。

当時は、毎朝8時に仕事が始まり、ひたすら梱包・発送業務を続けていました。遅いときには夜中の2時くらいまで作業することもありました。作業が終われば、もう疲労困憊。そのまま店の3階にある蛸部屋のようなねぐらに戻り、ぐったりと倒れるように眠りに就くという生活を送っていました。

商いを徹底的に学ぶため、厳しければ厳しいほどいいと紹介していただいた仕事でしたが、さすがに想像を超える厳しさでした。逃げ出したくなったことは数知れず。そんなときに思い出したのが、尊敬していた豊臣秀吉のことでした。

「太閤さんも草履取りから天下を獲ったんや。耐えることに関しては、過酷を極めた高校のボートの練習を乗り越えられたんやから大丈夫や。なにより大学に行った高校の同級生たちに負けるわけにはいかん。彼らが羨むような成功を手に入れるために、ふるさとを捨ててきたんや。中途半端に辞めて大津に帰ることは、意地でもできん！」

布団に入り、逃げ出したくなったとき、何度このように自分を奮い立たせたか分かりません。それくらい苛烈な仕事だったのです。

厳しい平野屋での毎日が続くなか私の唯一の楽しみといえば、休みの日にする草野球でした。入社当時、一人だけ高卒だったこともあり、なかなか溶け込めませんでしたが、お互いの仕事ぶりが分かっていくうちに次第に同僚たちと仲良くなっていきました。

高校の頃にボートで身体を鍛えていた私は、平野屋の同僚たちを集め、野球チームを結成します。当時は、読売ジャイアンツの川上哲治選手、国鉄スワローズの金田正一投手、中日ドラゴンズの杉下　茂投手、西鉄ライオンズの中西　太選手などが活躍し、プロ野球の人気が高くなってきた頃で、世間的に野球への関心が高まっていました。

そこで、私は船場にある会社対抗の草野球大会を企画しました。平野屋の社員のほとんどは野球をしたことのないど素人ばかりでしたが、一人だけ野球経験のある同僚がいて、彼と一緒に平野屋の選手たちを指導しました。私はピッチャーで中軸打者の花形選手を担い、貴重な休みにする草野球は私にとって唯一のストレス解消になっていました。同時に、入社してさほど年数が経っていませんでしたが、自然と平野屋の社員たちのまとめ役になっていったのです。

店頭販売では飽き足らず、外商や貿易を提案して業績に貢献する

厳しかった1年間の梱包・発送作業の次に任されたのが、営業の仕事でした。平野屋を訪れる小売業者に商品を販売する、いわゆる店頭販売の部署に配属されます。

先ほども触れましたが、当時の船場は繊維卸業者がひしめき合っている町でした。近畿圏だけでなく、四国や九州といった西日本全域から業者が集まっており、鞄を仕入れようと平野屋を訪れる業者も大勢いました。

なかでも、石炭ブームによる好景気に沸いた九州からやってくる卸業者は、大量に商品を仕入れていきました。店頭販売では現金のみでの取引です。これみよがしに札束を

ひけらかす業者たちからお金を受け取り、鞄は飛ぶように売れていきました。当時人気だったナイロン製の鞄が、確か小売価格で3900円くらいでした。今考えると決して安いわけではありませんが、朝鮮戦争による特需景気（1950～1953年）から神武景気（1954～1957年）という経済成長の波に入っていたこともあり、売上高は面白いように上がっていったのです。

店頭販売をしているうち、業者さんたちとも次第に仲良くなっていきました。どんな鞄が求められていて、次に来る売れ筋はどんなものかを自分なりに予想できるようになっていきました。

現場の話にじっくりと耳を傾け、時代の先を読むというスタイルは、平野屋で店頭販売をしていたこのときに土台ができあがっていったのかもしれません。

店頭販売に面白みを感じたのもつかの間、1年が過ぎた頃にはもう学ぶべきことは学び尽くし、店頭販売だけでは物足りなく感じるようになります。というのも、店頭販売は店に来る客に対してのみの販売であって、こちらから販売先を積極的に広げていくことはできません。今の好景気であれば、やり方次第でもっと売上を上げる方法があるはずだと考えた私は、こちらから顧客に出向いて直接販売する「外商部」を社長に直談判して新設してもらいました。ここでいう「外商」とは、顧客となる専門店などに出向き、売れ筋や最終消費者の嗜好を把握することで欲しい商品を提案するというもの。

当時から、考えついたらすぐに行動に移さないと気が済まなかった私は、大阪中を駆け回ります。機動力を高めるためにさっそくバイクの免許を取得。社用のバイクを購入してもらい、大阪にある鞄の専門店をこまめに回る日々を過ごします。当時、私はまだ20歳過ぎでしたが、外商部の責任者という肩書きをいただいたことでやる気も高まり、大きく売上を伸ばしていきました。

外商部の責任者として大阪を奔走するかたわら、私は沖縄との貿易にも取り組んで、沖縄の商社と交渉し、沖縄への輸出ルートを開くことができました。当時流行り出していた塩化ビニール製の製品などを沖縄の商社に卸すことで、月平均３００万円、年間３６００万円という大きな売上を上げていました。

私の主導で、これまでの平野屋にはなかった営業活動が展開され、業績は確実に向上しました。しかし、それに対して平野屋から評価を受けることはありませんでした。成果を出した者に対し、給料や待遇などで何も返さないという当時の会社の姿勢をとても残念に思いました。

この思いが、井野屋が軌道に乗ったあと、業界のなかでは高い報酬制度を生み出すことにつながっていったのです。

アメリカの雑誌で最先端の流通を独学

繰り返しになりますが、私が平野屋で勤めていた当時はアパレルが全盛の時代でした。「繊維の町」ともいわれた船場の活況はすさまじく、繊維問屋の密集ぶりは驚異的なものがありました。

それに対し、雑貨の一部である袋物・鞄業界の売上は、アパレル全体に比べてかなり小さなものでした。いくら頑張ったところでアパレルのような売上を獲得することはで

きません。選んだ業界を失敗したかとも思いましたが、
「一度入った以上、そこにしがみついて一生食べていくんや」
と決意を新たにします。袋物・鞄業界で、どうしたら売上を上げられるかを考える日々を過ごすようになりました。

店頭販売や外商、そして沖縄との貿易を通して、どうすれば売上を上げられ、利益をより大きくできるのかという商売の仕組みを徐々に理解していきました。言い換えれば、経営に対する感覚を磨いていったということです。

そんな私の経営学の教科書になったのが、当時流通の最先端をいくアメリカで出版されていた書籍や雑誌でした。

戦後、貧しさにあえいでいた日本は、豊かさを謳歌するアメリカをお手本にしていました。しかし、多くの分野でアメリカの後追いをしていたにもかかわらず、卸の世界は日本独自の流通形態のままでした。なかでも、袋物・鞄業界で流通の形態を変えようと考えている人は、今振り返ってみても、いなかったのではないかと思います。

商いのいろはを学び、いつか起業したいと思っていた私からしてみれば、現状の流通形態を崩さなければ、この業界はいつまで経っても大きな商売にはならないと考えていました。

そこで、流通の先端をいくアメリカから知識を取り込もうと考えたのです。心斎橋筋にあった洋書を扱う本屋さんに足しげく通い、アメリカの書籍や雑誌を入手。コツコツと読み進めるうちに、流通業の一歩先を見る目が養われていったのです。

私が最も影響を受けたのは、マネジメントの発明者、ピーター・ドラッカーの著書でした。なかでも、「シアーズ物語」が収録されている『マネジメント』は、私に大きな影響を与えた1冊でした。

1893年に生まれたシアーズ・ローバック社は、安い商品を仕入れて広告で売りさばく、どこにでもあるような通信販売会社でした。しかし、当時まだ手付かずだったアメリカの農民市場に目を付けたことで、この会社は大きく変わっていきました。農民一人ひとりの購買力は小さなものでも、それをかき集めれば全体として大きな購買力を持っている。そのことに気づいた一人の社員が、数々の画期的な方針を打ち出していったのです。

当時のアメリカはまだ自動車が普及しておらず、農民たちの多くは地理的に孤立していました。日本では考えられないくらいの広い国土ですので、その孤立は日本の比ではなかったはずです。

そんな遠く離れた土地に暮らす農民たちが物品を購入するために、通信販売は大切な手段でした。とはいえ、実物を見ずに広告を見るだけで購入するのはなかなか勇気のいること。なにせ信頼できるものかどうか分からないのですから。

そこでシアーズ・ローバック社では、定期刊行の商品カタログを発行し、「満足保証。委細かまわず返金」という保証制度を創設します。満足できなければ返金できるという、当時としては画期的な保証システムを採用し、農民たちから高い信頼を獲得していったのです。

このほか生産的な社内組織や、マネジメント階層に最大限の権限を与えて業績に対する全責任を課すなど、ほかにはない革新的な取り組みにより、シアーズ・ローバック社は近代企業へと変革していったのです。

その約30年後、アメリカでは自動車が一気に普及します。それにより、これまで孤立していた農民はもちろん、都市部の住民の購買行動や生活習慣、価値観が大きく変化していきました。

そのような変化に対し、シアーズ・ローバック社が行ったのが、通信販売事業から店舗による小売業へと業態を転換することでした。自動車の普及により、移動距離が一気に広がったことに目を付け、郊外にショッピングセンターを造ったのです。「エブリデー・ロープライス戦略」を打ち立て、農民や都市部の下層階級でも購入できる商品を開発し、大量生産を敢行。各店舗に自由な裁量を与えたり、店舗のコンセプトをつくらせたりするなど、数々の改革を同時並行的に行いました。それにより、１９８０年代初頭まで全米１位の小売業者として君臨したのです。

この本は私に多くの気づきを与え、その後の人生に大きな影響を与えました。なかでも強く感じたのは、「会社は常に変化しなければいけない」ということです。とはいえ、人は成功した経験から逃れるのは難しいものです。成功までの道のりが長ければ長いほど、そのやり方に固執しがちです。しかし、成功体験がまた新たな成功を生み出すとは限りません。刻々と移り変わる状況に対し、業態や組織をイノベーションしていかなければ、会社を存続することすら難しいのです。時流を読み、それに対応することがいかに大切なのかを理解することができました。

私が身をおく袋物・鞄業界においても、それはまったく同じことです。日々移り変わる「最終消費者＝エンドユーザー」の動向を的確に把握して、それに業態をいかにマッチさせていくかが重要なのです。過去の成功体験に縛られずに変化し続ける。それを積み重ねることで、必ずや仕事を大きくしていけると確信を持つようになっていきました。

スーパーマーケットの時代が来る

ピーター・ドラッカーをはじめ、アメリカで出版されている流通関連の書籍や雑誌を読み漁るうちに、私が強く意識するようになったのが、〝チェーンストア〟というキーワードでした。

いまや、イオンやイトーヨーカ堂などのチェーンストアが日本全国津々浦々にありますが、私がこの言葉を意識し始めた１９５４年（昭和29年）は、まだ日本にはチェーンストアは浸透していませんでした。

チェーンストアの特徴は、不特定多数の消費者に対して効率的かつ効果的に大量販売するという「マスマーチャンダイジング」にあります。店舗ごとにばらつきのないように商品を計画的に展開させ、多店舗経営を効率化させることで事業の成長スピードを迅速化できるというものです。なかでも重要なのが、一括仕入により仕入価格を低減できること。店舗ごとに仕入が分断されていたら、チェーンストアのボリュームメリットを活かすことはできません。一括仕入にすることで、仕入先に対して価格交渉をしやすくなり、仕入価格を低減することができるのです。この「一括仕入」が、その後の私の鞄人生を大きく揺るがすきっかけになるのですが、それはのちほどの話にとっておきましょう。

1958年（昭和33年）、神戸・三宮に「主婦の店ダイエー」（現・ダイエー）がオープンします。もともとは1957年（昭和32年）に設立した大阪市旭区の京阪千林駅前にあった安売り店が始まりでしたが、三宮店はチェーンストア第1号でした。約70平方メートルという小さなところでしたが、三宮駅前の一等地にできた店でした。

「これから日本でも、アメリカのようにチェーンストアの時代になる。鞄の卸先としても大きな取引相手となるに違いない！」

そう確信していた私は、この店と取引ができるようにしたいと考えます。思ったらすぐ行動に移したい性分の私は、当時の「主婦の店ダイエー」の社長、をしていた中内㓛氏に直接お願いするため、自宅まで押しかけました。

「御社のお店に鞄を置かせてくれませんか。必ずや業績アップに貢献いたしますので！」

と私がお願いすると、中内氏の口から発せられたのは、

「狭い店ですから、鞄を置く場所がありませんわ。うちは食べ物を売るのが専門です。鞄のような服飾雑貨を売る自信はありません」

しかし、そこを粘り強く頼み込み、どうにかスペースを確保することに成功します。私は販売ヘルパーとしてポップを描いたり、手提げ鞄をぶら下げるケースを作ったりしました。セカンドバッグはその前に並べるなど、効果的にお客さまの注意を引く陳列方法をお店の販売員に指導していきます。その甲斐もあってか、売上は順調に伸びていきました。食料品の販売が中心の店でも、鞄が売れることを実証できたのです。

するとと、半年くらい経った頃、中内氏からこんなことを言われます。

「鞄がよく売れるのはええんやけど、万引きが多くてあきません。どうにかなりませんか？　鞄の中に商品を詰めて帰る人がおるんです。鞄だけなら仕方ないけど、物を詰め込んで出ていかれるのは困るんですわ」

万引き対策としていろいろ試してみましたが、最終的に落ち着いたのが、手提げ鞄の取っ手にリボンと値札を結ぶというアイデアでした。目立つ色のリボンを付けているので、店外に出たら万引きだと一目で分かります。また、鞄の取っ手部分を結んでいるため、鞄の中に万引きした商品を入れることもできません。いろいろと試行錯誤しましたが、この方法がいちばん万引きの発生を抑えることができたのです。ちなみにこのアイデアを考えついたのは、中内氏本人でした。

その後、主婦の店ダイエーに続けと、ヨーカ堂（現・イトーヨーカ堂）、イズミヤ（現・エイチ・ツー・オー アセットマネジメント）、キンカ堂、ユニー、ジャスコ（現・イオン）など、日本全国にスーパーマーケットのチェーンストアが次々に誕生しました。新しいチェーンストアができると聞けば、すぐに担当者のもとに駆けつけたものです。

「ぜひとも鞄を置いてみてください。私どもにはこれまでもチェーンストアで売ってきた実績があります。ポップの作り方や、鞄を置くためのケース、陳列方法など、確実に売上を上げられるノウハウが当社にはあります。ぜひ一度、鞄を置いてみてください」と積極的に訪問を繰り返すことで信頼を獲得していきました。特に、主婦の店ダイエーでの成功を伝えると、新たに誕生したスーパーマーケットの担当者は大きい反応を示しました。

ほかの鞄卸の会社がこれまでどおりの販売方法にこだわっているなかで、チェーンストアへの取引をいち早くスタートした平野屋は、これまでとは比べものにならないくらいの売上を手にするようになっていったのです。

こうして、日本に誕生したばかりのチェーンストアへの販路を開拓した私は、次第に鞄業界で一目おかれる存在となり、平野屋にとっても欠かせない人材となっていったのです。

10年で社長の右腕に。会社で学ぶことはもうなくなった

一心不乱に仕事に邁進していたある日、健康だった父親が入院したという知らせが届きました。私は会社に急遽休みをもらい、父親が入院する病院へと向かいました。担当する医師から大事には至らないと聞きホッとしていたところ、偶然にも高校時代の同級生に出会ったのです。高校を出てから疎遠になっていたため、お互いの近況を話し合っていると、彼は現在医師としてこの病院に勤務しているというのです。さらに、近々勤務医を辞めて、自分で病院を開業すると言います。

同じ高校を出て約10年。片や医師となってこれから病院を開業しようとする彼と、片

や鞄卸の会社で修業中の自分……。そのあまりの違いに愕然としました。平静を装っていましたが、私の心のなかでは憧れと嫉妬が渦巻いていたことは言うまでもありません。

そもそも平野屋での10年間の修業後に自分の会社を起業することは、私にとって既定路線でした。そのためにどこよりも厳しい会社を選び、商いの基本を徹底的に身に付け、いまや営業の中心的な存在になっていました。独立のタイミングとして〝機は熟した〟状態にあったのです。そこで私は意を決して、平野屋の社長に退職の意向を伝えました。

「高校を卒業してから10年。右も左も分からなかった私に、商売のいろはをたたき込んでいただき、本当にありがとうございました。おかげさまで、どうにか自分でやっていける自信がつきました。平野屋を退職させていただき、自分で会社を興したいと思います。これまで本当にありがとうございました」

私は思いの丈を伝えましたが、事は思いどおりには進みません。それもそのはず。平野屋にしてみれば、会社の売上に大きく貢献し、いまや営業の中心になっている社員です。ましてや、勃興し始めたスーパーマーケットへの顔となっていた人間がいなくなるのは、これからの平野屋にとって大きな損失になることは間違いなかったのです。

私の申し出に対し、平野屋の社長は自ら、私の両親のところだけでなく親戚の家にまで押しかけ、私の独立を思いとどまらせるように説得してほしいと頼み込んだそうです。親にしてみれば、息子を一人前に育ててくれた会社の社長からの頼みですから、むげにするわけにもいきません。しかし私は就職するときに、10年間修業したら自分の会社を起業すると伝えていました。一度決めたことは曲げない私の性格を知り尽くしている両親は、私に何も言わずに思うようにさせてくれたのです。

それから数カ月、私は平野屋の社長と話し合いを続けましたが、一向に退職を許してくれる様子はありません。待遇面を向上するという話もいただきましたが、問題はそこではありませんでした。

「こんなことで負けていてはあかん。人生を変えるチャンスは二、三度しかないんや。今、起業せんとあかん！」

私はついに強行策に出ます。退職届を社長の机の上に置いて、会社を飛び出したのです。向かった先は大阪駅でした。そこから西に行くか、東に行くか迷った末、九州行きのチケットを購入します。そのとき頭に浮かんだのは、入社2年目で店頭販売をしているときに仲良くなった九州の業者たちの顔でした。私は彼らを頼って、なんの約束もなしに、九州行きの列車に乗り込みました。

高校を卒業してから約10年、ほぼ休むことなく走り続けてきた私にとって、九州での約10日間にわたる逃避行はまさに充電期間で、後ろめたさはありませんでした。やるべきことをやり、礼を尽くしてきたのですから。心と身体の疲れを癒やすだけでなく、これからの夢と希望、そして具体的な動きを整理するためには必要な時間だったのです。

大阪に戻ると、私の退職は止めようがないと判断した平野屋の社長は、最終的に退職を了承してくれました。退職金10万円をいただき、私の修業時代は終わりを迎えたのです。

第2章

ついに起業。鞄業界に風穴を開ける

――スーパーマーケットへの流通で業界の常識を打ち破る

井野屋をスタートし、徐々に取引先を増やしていく

1963年（昭和38年）7月、私は「井野屋」を設立しました。これまでの約10年間、自分で会社を興すために厳しい修業をしてきたのです。自分のなかにあった既定路線のスタート地点にやっと立てたと感じました。最後はなかなか認めていただけずに逃げるようなかたちでの退職となってしまいましたが、鞄業界のいろはを勉強させていただいた平野屋への感謝の心を忘れず、自分の会社を立ち上げたのです。

起業に向けてまず行ったのが、事務所を借りることでした。当時大阪におけるファッションや、袋物・鞄を含めた雑貨の卸問屋は船場界隈が中心でしたから、船場界隈に事務所がなければ、いろいろと不便なこともあるだろうと想定されました。

しかし、いうまでもなく、当時の私に潤沢な資金はありませんでした。平野屋時代は、自分の生活と実家への仕送りで給金を使い果たしてしまい、貯蓄なんてとてもできる状

態ではなかったのです。船場界隈の事務所はどこも家賃が高く、私が払えるような物件を見つけることはできませんでした。

「お金がないところで無理をしてもしゃあない。今は、世間体よりも出費を抑えて会社を軌道に乗せるときや」

そう考えた私は船場界隈は諦め、家賃が安く梱包・発送作業をしやすい広さの事務所を、大阪市の南に位置する東住吉に構えることにします。現在とは違い、当時の東住吉は田舎でした。田んぼがあって、蛙の鳴き声がこだまするような場所。業者が溢れ、活気のあった船場とは比べようがありません。東住吉の事務所を借りる契約を交わした日、

「いつかは、船場の中心に自社ビルを建てたる！」

と決意をしたことを今でも鮮明に覚えています。


事務所を決めると同時に、私は真新しい名刺を持ち、平野屋時代にお世話になった大阪市内の専門店や、バイヤーの方々、そして私がこれまでに開拓してきたチェーンストアの仕入担当者へ、開業の挨拶に回りました。

ほとんどの取引先は、前職での私の働きぶりを知ってくださっていた方たちばかりです。彼らは、私が持っている最新の流通情報には一目置いてくれていました。なにせチェーンストアの時代がやってくることを鞄の業界ではだれよりも早く予測し、それを実践してきたのですから。鞄業界において、私の動きは際立っていたのでしょう。挨拶しに行った先々で、

「井上さんがやるんやったら、応援しまっせ。カネはないけど、応援させてもらいます」

という言葉を数多くいただき、潤沢な資金もなく、開業したばかりで心細かった私を強く勇気づけてくれました。

独立して初めて仕事をいただいたのは、兵庫県の伊丹市にあった「スーパーエース」だったと記憶しています。スーパーエースは、食料品や雑貨、衣料品を中心とした大型総合スーパーマーケットで、平野屋時代からお世話になっているところでした。初代社長である北野治雄氏に開業のご挨拶をさせていただくと、その場で快く注文をいただけたことを覚えています。

その後、東京の西友ストアーをはじめとしたチェーン量販店や、大阪市内の鞄専門店や小売店など、徐々にお声がけをいただけるようになり、少しずつではありましたが、得意先を増やしていくことができました。

日本でもスーパーマーケットが勢力を拡大

前述のとおり、流通の分野で先を行っていたアメリカの情報をいち早く手に入れていた私は、今後日本にもチェーンストアの時代がやってくると確信していました。そして、その予想はすぐに現実のものとなり、チェーンストアは日本の津々浦々に広がっていきました。

井野屋を創業した1963年（昭和38年）には、主婦の店ダイエーやヨーカ堂、イズミヤ、ユニーといったチェーンストアの雄たちが、その店舗数を続々と増やしていました。そんな状況になっているにもかかわらず、多くの鞄卸業者の目は、これまで同様、鞄の専門店や小売店にしか向いていませんでした。やっとチェーンストアが今後大きなマーケットになると気づいたところで、専門店や小売店への遠慮もあり、なかなか動き出すことができなかったのです。そんななか、チェーンストアとの取引をいち早く始めた井野屋の動きは、際立って見えたに違いありません。

チェーンストア偏重の井野屋のやり方を専門店や小売店が面白く思うはずはありません。以前から取引をしていた専門店や小売店から、いろいろと嫌がらせや妨害を受けたこともありました。

彼らにとっていちばん腹立たしいことは、同じ商品を売るにしても、チェーンストアと小売価格がまったく違うことでした。仕入の量で取引価格が大きく違ってくるのは当然です。取引量が少ない専門店や小売店に対し、大量に取引するチェーンストアのほうが安くなるのは仕方のないことです。例えば原価700円の鞄が、専門店だと1050円なのに対し、薄利多売のスーパーマーケットでは840円で売られていたとしたら、最終消費者であるエンドユーザーがどちらを買うかは明白。チェーンストアがますます数を増やし、同じ商品でもチェーンストアのほうが安く手に入れられることが知れわたれば、専門店や小売店がさらに窮地に追い込まれることは目に見えていました。

日々現場に向かう井野屋の営業社員からすれば、専門店や小売店からの冷たい態度はたまったものではありません。その頃、井野屋には私のほかに2人の営業社員がいました。今後、井野屋がチェーンストアとの取引に力を入れていくことは社内で共有していましたが、専門店や小売店からの厳しい反応に耐えるには、私の考えを深く理解してもらい、自分たちが取り組んでいることに間違いはないと自信を持たせなければいけません。

そこで、なぜチェーンストアとの取引を重視するのか、どうしてチェーンストアでは安く売れるのかといった理論的なところから、食料品中心の店舗ではどんな陳列をしたら売れるのか、といった具体的なノウハウまでを社員に分かりやすく説明し、

「もう少しで時代は変わっていく。だから今は辛抱してほしい」

と頭を下げました。こうして自分の考えを言葉にしながら、チェーンストア重視の営業方針に間違いがないことを、さらに確信していったのです。

同時に、時代の流れをすばやくキャッチしていかに対応していけるかが、経営者とし

て重要な資質であることも実感しました。このことは、前述のピーター・ドラッカーが記していたことでもあるのですが、その言葉を頭の中で繰り返せば繰り返すほど、より説得力が増していくように感じました。

もし、目の前のことばかりに気を取られ、時代の変化に目を向けていなかったとしたら、井野屋はどうなっていたか分かりません。

私は時代の変化を感じ取る力を身に付けるために、時間を見つけては情報を収集していました。鞄業界はもちろん、業種や国内外を問わずさまざまな方にお会いし、アンテナを広く張り巡らせて、時代の変化を敏感に感じ取る努力をしていたのです。

私が特に力を注いでいたのは、流通の分野で先を行くアメリカの事例を研究することでした。多忙な日々を送りながら、寸暇を惜しんで数多くの文献を読み漁りました。そこには、日本の数年後の姿が書かれてあると感じていました。アメリカで出版された流通関連の書籍や雑誌は、私にとってはさしずめ「予言の書」のような感覚だったのです。

私がそこまでの意識を持てていた要因は、大学に行かずに高校を卒業してすぐに就職したことが大きいかもしれません。もし、同級生たちと同じように大学に行っていたら、遊んでばかりでろくに勉強もしなかったかもしれません。鞄卸という業界に高卒で入り、そのなかで頭角を現していくには、ほかの人と同じことをやっていてはいけません。ましてや、この仕事で一生家族を養っていくのは、生半可なことではないと分かっていました。

「人が見ている景色の先を見なければいけない」

という強い意識があったからこそ、いろいろな方に出会い、日々勉強を続けてこられたのです。

鞄卸の業界で、井野屋がいち早くチェーンストアに販路を広げることができたのは、毎日の努力の積み重ねの成果だったのです。

鞄業界のフロントランナーとしての自負

チェーンストアが日本全国に展開していくとともに、井野屋の売上は目に見えて伸びていきました。〝チェーンストアの鞄卸といえば井野屋〟と言われるようになるくらいの飛躍を目指し、チェーンストア各社とのパイプを太くしていきました。

おかげさまで、独立した年の売上は7～12月で２４００万円でしたが、次の1年間が５０００万円、5年後には1億８５００万円と、急激に売上を伸ばしていきました。それに合わせ、従業員も5年後には20人へと大幅に増員。井野屋は順調に事業規模を拡大していったのです。

井野屋を立ち上げた際に借りた東住吉の事務所は、従業員が増えたことで、さすがに手狭になってきます。扱う商品の種類と量も格段に増加し、事務所での梱包・発送作業が困難な状態になっていました。

そこで、銀行からお金を借りて、東住吉今川町に５００平方メートルの土地を購入することにしました。毎年、増収増益を見せていた井野屋ですから、銀行は喜んでお金を貸してくれました。購入した土地に２階建ての自社ビルを建設します。

当時、鞄卸業で自社ビルを建てたことは、業界でも大きな話題になったそうです。のちに外注メーカーとして井野屋の仕事を受けてくださった方に、「井野屋」の看板が掲げられた自社ビルを見て、「井野屋さんは、そこらの卸とはスケールが違いますなぁ」と言われたこともありました。

大阪の中心部から離れていましたが、自社ビルを持てたことは、私にとって大きな自信となりました。

ちょうど同じ頃、天満橋にあった大阪マーチャンダイズ・マートビル（以下、ＯＭＭビル）に企画室を設置しました。当時の最先端の商業ビルに入って、流行を肌で感じることで、新たなアイデアにつなげていけるという思いがありました。

ＯＭＭビルは、１９６９年（昭和44年）に京阪電鉄と大阪市などが共同出資して竣工した複合ビルです。横幅の長い壁を持つ地上22階、地下４階建ての建物で、アメリカ・

シカゴにあった世界最大の床面積（約0・4平方キロメートル）を誇るマーチャンダイズ・マートをモデルにしたものでした。

シカゴのマーチャンダイズ・マートといえば、アメリカの流通業を象徴するような建物です。倉庫、問屋、経営とビジネスというあらゆる分野を取り込んだマーチャンダイズ・マートのスタイルを日本に持ち込もうと考えたのが、当時の京阪電鉄の社長でした。

「日本にもアメリカと同じように卸業の時代がやってくるはずや」

その考えに賛同した私は、尊敬していた太閤さん（豊臣秀吉）のように、日本全国に流通改革の号令をかけたいという熱い思いもあり、OMMビルに入居します。

入居したOMMビルには、アパレルや雑貨など、あらゆるジャンルのメーカーや卸が集まり、活気に溢れていました。東住吉の本社にいるだけでは分からない最先端の流行を肌で感じられる環境は、とても刺激的なものでした。なによりファッションの一部である鞄を扱っている以上、アパレルやそのほかの雑貨から得られる情報は不可欠です。

「これからは企画の重要性がもっと高まっていくはずや」

そんな考えから、OMMビルの5階に井野屋のショールームを造り、さらに企画室という部署の新設へとつながっていったのです。

井野屋は軌道に乗り出し、事業を拡大していきましたが、私が想像したアメリカと同じような卸業の時代は、日本にはやってきませんでした。ＯＭＭビルも本場のマーチャンダイズ・マートのように人がにぎわうこともなく、思ったような展開にはなりませんでした。井野屋としては大きな投資でしたが、回収することなく失敗に終わるのです。

第3章

流通戦略の成功で己の才覚に溺れ、失った経営者としての嗅覚

——ライバル会社に売り場を奪われ、販売経路は壊滅。会社は瞬く間に経営難に

テングになり、「時代の先」を読めなくなる

人というのは、環境にすぐ順応してしまう生き物です。厳しい状況に置かれていれば、良い方向に持っていこうと必死に思考を巡らせるものですが、状況が好転し始めて自分のなかで「こんなもんやろ」と思った途端、張り詰めていた気持ちが緩んでしまい、それまでと同じような熱量で物事に取り組めなくなるのです。

そのうちに、これまで見えていたものが見えなくなったり、感じることができていた些細な変化を感じられなくなったり……。自分では気づかないような変化が積み重なり、状況は刻一刻と悪化してきます。一度、悪い局面に転じたら、元の状態に戻すことは簡単ではありません。

このようにして、私の、そして井野屋の苦難の道が始まったのです。

独立して5年。井野屋の売上は順調に伸びていき、東住吉今川町に自社ビル、天満橋

のＯＭＭビルに企画室を持ち、社員は20名を抱えるまでになりました。高校を卒業し、不安を抱えながらも平野屋に就職した頃に思い描いた将来設計どおり、いやそれ以上の成果を手に入れることができました。

約10年間の修業時代、そして起業し始めた頃の緊張感や必死さは、自分でも気づかないうちになくなっていったのでしょう。当時の状況は通過点でしかないことは分かっていましたが、険しい山道の途中で景色の良い開けた平坦な場所に出たら、だれもがしばらく歩みを止めるように、これまでとはどこか心持ちが変わってしまっていたのだと思います。

例えば、井野屋を立ち上げた当初は、私自身が現場に行くことで、時流を感じながら取引先とのパイプを強めていたのですが、ＯＭＭビルに企画室を設置した頃から、現場は営業社員に任せるようになっていました。営業社員とは毎日顔を合わせて状況を聞いていましたが、現場から離れたことで、経営者としての嗅覚が弱まっていったのは事実。それが、これまでの取引先との間に別の業者が入り込む状況をつくってしまったのです。

そんな状況の変化に気づかず、裸の王様のようになっていたのでしょう。次第に享楽的な生活を送るようになっていきました。もともとお酒を飲むことが好きだった私は、夕方に仕事を終えると、毎晩のように飲みに出かける生活を続けていました。接待も多くありましたが、飲むことが楽しかったというのが正直なところです。朝、東住吉今川町の自宅を出て、天満橋のOMMビルへ行き、夜はミナミのクラブを巡り、午前様で今川町に戻る……。仲間に言わせれば、定番の「三角コース」を、クルクルと毎日巡回するような生活を繰り返していました。

「こんな生活をしているが、自分はしっかりと仕事をしているし、勉強も続けている。取引先ともしっかりつながっているし、当分はこのままで大丈夫や」

そんなふうに考えながらも、どこかそれまでとは違う自分がいました。なにより経営者としていちばん大切にしなければいけない、時代の先を読む感覚が鈍ってきていたのです。

スーパーマーケットが一括仕入を始める

前述のとおり、鞄の卸問屋としては、業界に先駆けてチェーンストアとの取引を開始した井野屋は、日本の全国各地にチェーンストアが展開するのと歩調を合わせ、売上を大きく伸ばしていきました。

このままこの状況が続いていくと思っていましたが、その矢先の１９７１年（昭和46年）頃から、徐々に雲行きが怪しくなってきたのです。

理由の一つが、井野屋が開拓したスタイルに追従する競合他社が続々と現れてきたことでした。どんな世界であっても、先行者に追従する競争相手は必ず現れます。専門店や小売店との取引を続けている卸問屋にしてみれば、チェーンストアに舵を切った井野屋だけが儲けているのは面白いわけがありません。チェーンストアとの取引を重視した競合他社が現れてくるのは当然のことです。

井野屋は、競合他社に負けないよう、これまで以上にチェーンストアとの結び付きを強めようと努力します。しかし、「このままで大丈夫」という慢心により競合他社の介入を許してしまい、これまでのような売上を上げられない状態に陥っていました。

そして、もう一つ。井野屋とチェーンストア各社の関係性を決定的に変えたのが、仕入方法の大転換でした。これまでチェーンストアの商品の仕入は、チェーンストア各店の仕入担当者が行う「店舗仕入」でした。それは、各店舗の売れ筋や規模により、仕入の種類や数を仕入担当者が決定するというもの。

これまで井野屋は、国内の縫製メーカーから商品を仕入れて、それをチェーンストアや専門店、小売店に売る「問屋」という形態をとってきました。当たり前のことですが、そのメーカーが販売するのは、井野屋だけではなく、ほかの問屋にも同じ商品を売っています。つまり、どの問屋からでも同じ商品が手に入るのです。ほかの問屋に比べて多少の価格差はあったとしても、仕入を担当するバイヤーとの強固なつながりがあれば、簡単にはパイプが切れることはありませんでした。つまり、バイヤーとの関係性が売上に大きく関わっていたのです。先にもお伝えしたとおり、競合他社が多く現れた状況ではありましたが、店舗仕入というシステムが井野屋の売上を大きくは落ち込ませない要因になっていたのです。

しかし、そんな状況が一変する事態が起こったのです。それが、一部のチェーンストアで採用された、「一括仕入」への変更です。チェーンストアの本部で仕入を一括するというもので、井野屋にとっては〝寝耳に水〟の出来事でした。

それを聞いた私は、チェーンストア各社の本社に向かいました。

一括仕入となれば、各店舗の仕入担当者に問屋を選ぶ決定権はなくなり、本社の仕入担当者に集約されます。社内人事も大きく入れ替わり、仕入の担当をする方がだれなのかさえ分からない状態です。これまで井野屋が頼りにしていた仕入を担当するバイヤーとの太いパイプは、この時点で消え失せてしまったのです。

しかし、よくよく考えてみれば、チェーンストアが系列店全部の仕入を一本化するのはもっともなこと。系列チェーンストアで一括して大量に購入すれば、店舗ごとに仕入れていた価格よりも大幅に単価が安くなることで、消費者にもより安く提供できます。

各店仕入では、チェーンストアのスケールメリットを十分に発揮することはできないのです。

チェーンストアの意味を考えれば、遅かれ早かれ、このような大転換のタイミングがやってくることは分かっていました。流通の先を行くアメリカにおけるチェーンストアの興隆を勉強してきたにもかかわらず、現状に甘んじてしまい、それに対応できなかった自分へのショックは大きかったです。かつての緊張感を持って仕事に臨んでいたとしたら、必ずやチェーンストアの仕入システム変換にいち早く対処できていたはずです。「時代の先」を読む力が鈍っていることを、改めて実感しました。

その後、一部のチェーンストアによる一括仕入は、そのほかのチェーンストアにも波及し、その流れを止める術はありませんでした。自社商品があれば違ったのでしょうが、前述したように国内メーカーから仕入れた同じ商品が並んでいたら、安いほうを選ぶのは当然です。もはや、付き合いの深さや実績などは関係ありません。競合する卸問屋たちによる安売り競争が始まったことで利益率が下がり、卸問屋は我慢比べのような食い合いに陥ってしまったのです。

そんな状況に対し、私は井野屋の新たな方向性を見いだせなくなっていました。そのうちに、井野屋の売上はどんどん減っていったのです。

とんでもない借金を抱える

創業以来、井野屋はチェーンストアとの取引を重視してきました。チェーンストアとの取引を始めるにあたり、その窓口になってくれたのがバイヤーの方たちです。チェーンストアが個別に仕入を決める店舗仕入というシステムは、卸問屋とバイヤーとの関係がとても重要です。彼らがいなければ、井野屋をここまで大きくすることはできませんでした。そんなバイヤーたちが、苦境に立たされ、助けてほしいと言うのです。

日本各地に大きく展開するチェーンストアは、まさに成長期の状態にありました。しかし、急激に成長した産業だっただけに、大きな歪みが生まれやすかったのも事実です。

それに対応できなかったバイヤーは、軒並み在庫過多に陥りました。その在庫過多を解消するために、バイヤーから、「助けてくれ！　商品を引き取ってくれ！」という要請が多く入ってくるようになったのです。井野屋から出した商品を引き取るならばまだ分かりますが、ほかの問屋の商品まで預かってほしいと言うのです。

しかし、これまで持ちつ持たれつの関係を築いてきたバイヤーたちです。彼らからの泣きの要請を、むげに断るわけにもいきません。

そこで、返品したように伝票操作を行ったのです。しかし、商品は劣化していきます。劣化した商品はもう売ることはできません。その間にも次の新しい商品を入れないといけないので、仕入は新たに発生します。加速度的に増えるバイヤーからの返品に加え、新しく仕入れる商品を購入するために、銀行からの借入が一気に増大。もはや返済能力を超える借入額になってしまい、井野屋の財務状況はますます逼迫することになったのです。

私自身が若かったこともあったと思います。時代の先を読み、全体を冷静に俯瞰して見ることができていれば、このような事態になることはありませんでした。私は情に流されてしまい、経営判断を大きく誤ってしまったのです。

酒に溺れ、布団の中で涙を流す毎日

起業から10年経った１９７４年（昭和49年）。チェーンストアが一括仕入に変換したことによる売上の低下に、バイヤーたちからの過剰在庫を一気に受け入れたことが重なり、井野屋の借入金は一気に膨らみます。数年前までの順調さが嘘のように、井野屋には返済を求める業者が訪れるようになりました。

「このままいけば、会社を潰すしかない。そうなったら、社員たちはどうなるんやろ？家族を養っていけるんやろか？　いや、これまで乗り越えてこられたんやから、何か方法はあるはずや……」

重いものがずっと心にある状態が続きました。社員や家族たちのことを考えたら、どうにかしなければなりません。しかし、いくら考えても良いアイデアは思いつきません。

このときほど、経営者としてのつらさを実感したことはありませんでした。

つらい精神状態の日々が続きましたが、そんな状態でも、朝に東住吉の自宅を出て、天満橋のＯＭＭビルへ行き、夜はミナミのクラブを巡り、午前様で今川町に戻るという、定番の「三角コース」は変わりませんでした。お酒の量はどんどん増えていき、一晩でウイスキーを1本空けるのは当たり前。お酒を飲んでいるときだけは、つらさを忘れられるような気がしていたのです。

そんな苦しい時期は2～3年ほど続きました。井野屋はもう待ったなしの状況にまで追い込まれていったのです。


もともと見栄っ張りの私は、いくら会社が倒産の危機に瀕している状況にあっても、社員や家族に弱い顔を見せることはできませんでした。だれかと顔を合わせているときは、これまでと変わらない顔をしていました。

とはいえ、真夜中に帰宅して布団の中に入ったとき、これからどうしていけばいいのかを考え出すと、自然と涙が溢れてくるようなこともありました。妻には経済的・精神的な負担をかけないように、離婚を考えてもいました。

「持っている土地や建物をすべて売却したとしても借金は残るな……。もう家も手放すと妻が聞いたら、なんと言うやろな。子どもたちはどうなるんか……」

大津を出て10年修業し、井野屋を立ち上げて10年。これまで築いてきたものが、すべて崩れ去っていく。この20年はいったいなんだったのだろうか。高校の同級生たちが立派になっているという噂を聞くなかで、自分のふがいなさに悔しさが募っていきました。

諦めかけていた自分に向けられた、妻の一言

ある日、たまたま社員たちが事務所を出払い、私と妻の２人だけになる時間がありました。借金の返済で首が回らなくなっている状況を、いつ妻に伝えようかと思っていた私は、本社の横にあるレストランに妻を誘いました。

飲みたくないコーヒーを注文し、沈黙のままウエイターが戻ってくるのを待っていましたが、意を決して、

「分かっているとは思うけどな。実は、会社の調子がホンマに良くないねん……」

と伝えました。それを聞いた妻は、

「表情を見ればすぐに分かりますよ。私が分かってないと思ってました？　よく布団の中でうなされていましたよ。苦しいんやろなと思っていました。こういう日が近くやってくると覚悟していました」

と動揺する素振りも見せずに、淡々と言葉を返してきました。そのとき、私たちには4人の子どもがいました。そのうちの上2人を別のところで暮らさせるから、下2人が大きくなるまでもう少し待ってほしい、と言ってくるのではないかと思っていたのですが、「お父さんの好きなようにしはったらいいですよ。私はお父さんについていくだけですから」という言葉が返ってきたのです。

その一言で、私のなかの何かが大きく変わりました。振り返れば、これが私の、そして井野屋の運命を大きく変えたのです。あの一言がなければ、その後どのようになっていたのか、想像すらつきません。今の井野屋があるのは、妻のこの一言のおかげといっても過言ではありません。

自宅兼自社ビルを売却し、家族６人で19坪の長屋へ

「お父さんの好きなようにしはったらいいですよ」

意を決して伝えた私に対する妻の一言から、私と井野屋は大きく動き出しました。

銀行からの借入金を返すために、東住吉にあった自宅兼自社ビルの土地と建物を売却します。ありがたかったのが、インフレが続いていたおかげで、自社ビルのあった東住吉の地価がずっと値上がりしていたことでした。１５００万円ほどで手に入れた土地が、売却時に1億円ぐらいになったのです。

この体験から、土地への信頼が高まり、その後複数の土地を所有するようになっていくことになります。

しかし、これだけではまだ足りません。大津の実家にも会社が厳しい状況であること、そしてこの会社を続けていきたいことを伝えました。

すると、弟が田んぼを担保に農協からお金を借りてくれ、医師をしていたいとこは、
「何も力になれないけど、使ってください」
とお金を手渡してくれました。家族や親戚たちからの助けに、ひたすら感謝するしかありませんでした。

それでも、借金の完済にはまだ足りませんでした。そこで、借金のある取引先にひたすら頭を下げて回ります。倒産するよりは、今返せる分だけ払ってもらったほうが得だと、多くの取引先から了承をいただけました。

こうして、晴れて井野屋は倒産の危機を免れることができたのです。

当時、幼稚園に通っていたのが、現在専務をしている娘の登紀子です。小さいながらに、当時のことを鮮明に覚えており、次のように振り返ります。

「本社も兼ねていた自宅に住んでいた私は、毎日のように会社の人たちと顔を合わせていたため、彼らにはよく懐いていました。気が付くと、それまで数人いた社員が次々といなくなっていったのです。しまいには、両親と私たち姉弟だけになっていました。父

親も母親も、私には何も言わないのですが、会社がうまくいっていないことは、子どもながらに感じていました。

そんなある日、幼稚園から帰ってくると、家の様子がおかしいんです。よく見ると、自宅が真っ二つになっていたんです……。その日の朝まで横に広がっていた家が、半分になっていたのです。カットされたところがブルーシートで覆われ、家の中に入ってみると、ピラピラとビニールをはためかせて風が入ってくる。２階のキッチンからその隙間をのぞいたら、１階の床が見えたのを記憶しています。それまで奥にあった応接間とリビングとダイニングが跡形もなく消え失せていて、これからどこでくつろいだり、ご飯を食べたりするんだろうと子どもながらに不安を感じました。商売人の家に生まれたということを、強く実感する出来事でした」

１５０坪の土地と、自宅兼本社ビルを売却したあと、天王寺界隈にあった19坪の長屋に引っ越します。この長屋で、私と妻、子どもたちの４人による生活が始まります。小さな家ではありましたが、借金に苦しんでいた頃を考えれば、なんとも住み心地の良いところでした。

井野屋は東大阪の渋川町というところに移転。１００坪ほどのスレート葺きした倉庫のようなところでした。そこを事務所兼倉庫として、再スタートの準備を整えます。

10年やってきた会社を潰し、妻と家族への経済的・精神的負担から離婚も仕方ないと考えていた私にとっては、これ以上求めることがない状況までたどりつくことができました。

ここから、私と井野屋の新たなステージの幕開けとなるのです。

第4章 生き残るために選んだのは卸売業からの脱却

——すべてを投じて臨んだ中国の生産工場と自社流通センター建設

正月の琵琶湖の初漕ぎ会で誓った心機一転

人は、考えられないような窮地に追い込まれたとき、あるきっかけにより大きな転機を迎えられるものです。

そのきっかけは、偶然訪れることもありますし、自分で仕向けるというケースもあります。私の場合は後者でした。

私は新しい自分に生まれ変わることを決意し、ある行動に出ました。自分自身を新たなステージに立たせるため、これまでの成功体験による自分への甘えから脱却し、助けてくださった方、社員、そして家族への感謝を誓うため……、すべてをゼロにして再スタートを切ることにしたのです。

「お父さんの好きなようにしはったらいいですよ。私はお父さんについていくだけですから」

という妻の一言で、もやもやとしていた気持ちが吹っ切れたことは先にもお伝えしました。積み重なった借金を返すため、所有していた土地や建物を売却し、大津の家族や親戚からお金を借り、最後は取引先に頭を下げて借金の棒引きをお願いし、どうにか借金返済の目処を立てられたのです。

これで重くのしかかっていたものがなくなり、気持ちが一気に楽になりました。しかし、このまま同じ仕事をやっていたとしても、先が見えないのではないか。また同じ状況に陥ってしまうのではないか。そう考えた私は、鞄卸という仕事にこだわるのをやめ、別の仕事を模索します。

それが不動産屋でした。私の友達が、大阪の昭和町で、大きな不動産屋をやっていました。簡単な話、儲かっていそうでうらやましかったのです。

例えば、狭い間口の土地でも3階建ての文化住宅にすれば、すぐに売れていましたし、建売ならばそれほど原価もかかりません。端から見ていて、楽に儲けているように感じていたのです。

「良い商売やな。この際、不動産屋になるのもええな」

と思った私は、さっそく友達に相談に行きます。それが年の瀬も押し詰まった1978年（昭和53年）12月31日のことでした。

「1年か、2年か、不動産の資格を取るために勉強しようかと思って……」

それを聞いた友達は苦笑いをしながら、こう言いました。

「こう見えても、そう簡単には儲からんよ。考えてみ。5軒並んだ建売住宅を売り出したとして、全部売れたらそりゃ儲かるわな。だけど、両側2軒は売れても、真ん中の家だけが売れ残ったら、全然儲からんやろ。売れなかったときのリスクを考えると、儲けるのはなかなか大変なことやで」

儲けるためには、大きなリスクを伴うのは当然のこと。端から見ているのとは違う、不動産屋の厳しさを教えてもらえました。どの業界でも、そんなに簡単に儲かるはずはありません。今考えれば、始める前に思いとどまらせてくれた友達には、感謝しかありません。

不動産屋への転職を諦めた私は、これから井野屋をどのようにしていこうかと考えます。このような場面で、ああでもない、こうでもないと悩むようなタイプの人間ではありません。

「よし、こうなったら鞄に関わる仕事を貫いていくしかないやろ！」

その決意をさっそく行動に移します。

年が明け、1979年（昭和54年）1月2日。私の姿は、大津の琵琶湖漕艇場で毎年行われるボートの初漕ぎ会にありました。

何もかも失いながらも、どうにかお正月を迎えられた私は、これまでの良いことも悪いことも、すべて洗い流そうという気持ちで大津に向かいました。あらかじめ知り合いの理事に、どこのチームでもいいから乗せてほしいと頼み、空いているクルーを探してもらい、初漕ぎ会に参加するつもりだったのです。

寒風吹きすさぶ正月の漕艇場。だれもがお正月気分に浸るなか、私は久しぶりにボートに乗り込みます。高校時代に乗っていた頃の感覚を味わいながら、当時の思いが胸中に浮かび上がってきました。それとともに、高校を卒業して鞄業界に入り、10年の修業を経て、井野屋を立ち上げてから10年間の良かったこと、つらかったことなど、いろいろな思い出と感情が溢れてきました。私はコックスのかけ声に合わせ、必死でオールを操ります。瀬田川の水と汗、そして涙も交じるなか、私は大きな声で叫びました。

「過去の栄光は今日、すべて忘れよう。そんなもんは、瀬田川から宇治川、淀川、大阪湾に流してしまえば、なんてことはない。これから、前だけを見ていこう！　今日から心機一転、生まれ変わるんや！」

すべてをリセットし、新たな自分に生まれ変わることを誓いました。これまでの成功体験はすべて忘れ、助けていただいた方、社員、家族への感謝の気持ちを忘れずに、新たな自分として前を向いていく。そんな約束を自分自身に課したのです。

あれから40年以上が経ちますが、あの日、あの光景は、今でも鮮明に思い起こすことができます。あの瞬間があったから、今でもやっていくことができていると感じています。私と井野屋は新たなスタートラインに立ったのです。

結果が残せるまで耐え忍んだ3年間

倒産の危機は免れたものの、内部整理をした井野屋の状況は困難を極めていました。迷惑をかけた取引先が警戒するなか、掛けでの取引はもちろんできず、すべてを現金払いすることを条件に、どうにか取引を始めさせてもらったような状況でした。

新たな場所で再スタートするにあたり、私は社員20人を集めました。そして、現在の状況、これからの展望、それらを基にした方針を伝えました。

「会社が大変なことになりました。それについては、謝ります。これから復活するために、こんな倉庫みたいなところが新しい本社となりました。会社の蓄えはまったくないし、取引先も井野屋を警戒するなかで、鞄の卸問屋として思うように仕事をすることは難しいと思います。当然、働いてくれているみんなへの給料はそんなにあげることはできないし、経費もとことん抑えていかないといけない。だけど、必ずや復活させてみせます。それまでの間、一緒に頑張っていってもらいたい。でも、そんなことは信じられないし、付いていきたくないという方は、遠慮なく離れてくれて結構です」

そう伝え、私が社員一人ひとりに、ついてきてくれるかと聞いていきました。すると、3年前に井野屋で初めて採用した大卒社員を中心とした若手社員たちが、

「社長、一緒に頑張っていきましょう！」

と表明してくれたのです。このときは、本当に胸が熱くなったことをよく覚えています。

「こいつらのためにも、なんとしても復活しなければ！」

そんな思いを胸に、新生・井野屋がスタートしたのです。

当時の状況を知っている一人が、のちに井野屋の東京営業所長として活躍してくれた川上省三君です。彼は、定年まで井野屋で勤務し、退職後も東京営業所でアドバイザーとして活躍してくれており、その当時をこう振り返ります。

「今、船場にある井野屋本社ビルからは想像もつかないと思いますが、当時は東大阪の

はずれにあるプレハブ小屋みたいなところが事務所兼倉庫でした。エアコンもない事務所で、社長を含めた先輩社員３名が、毎晩12時近くまで商品を梱包・発送作業をしていました。とにかく、皆さん一生懸命に仕事をしていました。

私が入社したときは、まだ東住吉に自社ビルがありましたが、その後売却して、東大阪に移転。そこで社長が会社の状況を伝え、それでも一緒に頑張ってくれるかと一人ひとりに聞いていきました。

そんな状況のなかで残った社員は、私のほか、先輩社員を合わせた数名。いってみれば、少数精鋭部隊みたいなもので、社長を中心とした体育会系クラブのような雰囲気でした。先輩の社員はもちろん、私も含め、社長に強く魅力を感じていたんだと思います。

当時の社長は、自分の思ったことは人になんといわれようと聞く耳を持たないようなところがありました。ただ、『やる！』と決めたことは、絶対に何があってもやりぬく。そんな後ろ姿を見ながら、私たちはひたすら仕事をしていました。

基本的に私たち社員には厳しかったのですが、その奥にある優しさや情の厚さを感じさせてくれる人物。そんなところに、強く惹かれたものです」

起業してから5年後あたりから、私は現場の仕事を営業社員に任せ、全体を統括する社長業に専念していました。日中はＯＭＭビルに詰めており、夜になると接待に出るという生活を送っていました。

しかし、そんな場所はなくなり、私自身が現場に出なければいけない状況になります。社長をしながら担当先を持ち、自ら現場に出る。野球でいうところの「プレイングマネージャー」をすることになったのです。

元来負けず嫌いの性格の私は、自分で営業をするからには、だれよりも良い成績を取らなければ気が済みません。当時担当していたチェーンストアが、関東、中部、北陸にあったのですが、そこを自分一人で回ります。当時は車もなく、朝5時に起きて電車で各地を巡りました。そうして注文を取り、会社に戻ってきてから梱包して出荷をする。自分と約束したとおり、社員のなかで抜群の数字を出していました。

「やればできるやないか！」

そんな私の後ろ姿を見ていたのでしょう。残ってくれた若手社員たちは、めきめきと力を付けていき、短期間で一人前の営業に成長していきました。

困難な状態からの再スタートでしたが、彼らのおかげもあり、3年ほどして井野屋を黒字化することができたのです。

のちに信用調査会社の帝国データバンクの方にうかがったところ、「内部整理をしてから3年で黒字転換した会社は初めて」とのことでした。

再スタートしてから3年。想像を絶するような険しい茨の道を乗り越えてきた社員一人ひとりの奮闘を思い返すと、今でも胸に熱いものが込み上げてきます。あの時代が、経営者としての私の進むべき道を明確にしたのです。

3年という短い期間で黒字転換した井野屋は、ここから本格的に大きく飛躍し始めるのです。

海外からの輸入に舵を切る

井野屋を再スタートするにあたり、なぜ内部整理をするまでに状況が悪化したのかを分析する日々を送っていました。

「時代の先が見えなくなったから」

そんなあいまいな言葉で終わらせるのではなく、具体的な原因を突き詰めることが、これからの井野屋にとって不可欠と考えました。

その結果、二つの理由が明らかになりました。

前職・平野屋での修業時代、2年目からやらせていただいた店頭販売をするなかで、待つだけでなくこちらから注文を取りに行く外商部を始めたり、沖縄への輸入をいち早く実現したり、これまでにないことをすばやく提案してきました。それは、日々の業務とは別に、利益を上げるにはどうすればいいのかを考えてきたからこそできていたのだと思います。

その延長で大きな成果を生んだのが、チェーンストアへの開拓です。日本の先を行っていたアメリカの流通情報について見聞を広めるなかで、日本にもチェーンストアの時代が到来すると確信した私は、勃興するチェーンストアを開拓し、鞄の卸問屋の概念を大きく変えてきました。

これまでの自分を分析してみると、目先のことだけでなく、全体を俯瞰していたことが分かります。本や雑誌、そしていろいろな方とお会いするなかで手に入れた知見を基に、今起きている状況を冷静に把握することで、次に何が起こるかを予測することができていたのです。

そのことを再確認した私は、これまで以上に視野を広げ、知識や情報を得る努力を惜しまなくなりました。

もう一つの理由。それは、これまで鞄を卸して売るという手法を取っていた問屋業自体にあるのではないか。要するに、そもそも卸問屋という業態で利益を上げようとする発想がもう時代遅れなのではないかということです。

問屋はメーカーから商品を仕入れるのですが、メーカーが卸すのは一つの問屋だけではなく、いろいろな問屋に商品を卸しています。ということは、問屋を変えたとしても、同じ商品が手に入るので、購入する側としては、価格が安いところに注文するのは当然のこと。ましてや、チェーンストアが一括仕入をするようになった今、薄利多売による問屋の食い合いにますます拍車がかかり、そのなかで利益を得ることは難しくなるだろうと考えられました。

これまでどおりのやり方で卸問屋を続けることが難しいことは理解できても、これから井野屋をどうしたらいいのか、その明確な答えが出ないまま、これまでと同様にチェーンストアや専門店に商品を卸す日々を続けていました。

そんなある日、日本経済を震撼させることが起こります。それが、1985年（昭和60年）に発表された「プラザ合意」です。

当時の過度なドル高状態を是正するために、アメリカの呼びかけで先進5カ国（日本・アメリカ・イギリス・ドイツ・フランス）の大蔵大臣と中央銀行総裁が集結。そこで決まったのが、基軸通貨であるドルに対し、参加各国が10～12％幅で切り上げを行うというものです。方法として、各国は外国為替市場で協調介入を行うという取り決めがなされました。

プラザ合意を受けて、日本では急速に円高が進行。それまで1ドル＝240円だったのが、１８０円へと一気に上昇します。海外での日本製品の価格が円高により25％上がったことで、輸出量が大きく減少。それまで輸出に頼っていた日本経済は変換を迫られたのです。

　この状況で取るべき選択は、日本の製品を輸出するのではなく、海外で生産した商品を日本に輸入することです。円高を逆に利用して、海外製品が日本に安く入ってくる状況を使わない手はありません。

　これまで鞄の卸問屋は、国内で縫製メーカーが生産した製品を仕入れて、国内の卸先に売ってきました。価格競争が起こるなか、単価をより安く仕入れるためには、これまで以上に大量に仕入れなければならず、失敗したときのリスクもより大きなものになっていたのです。

　それに対して、韓国や香港、台湾などで生産した商品であれば、為替により仕入コストを大幅に引き下げることができます。国内での販売価格はそのままなので、大きな利益を生み出すことは必至なのです。

当時の井野屋の売上は10億円もないような状況。ましてや、黒字化して間もない頃です。せっかく良い流れになってきたなかで、輸入に大きく舵を切ることは、リスキーな挑戦でもありました。

しかし、ここで果敢に一歩踏み出さなければ、井野屋を大きく成長させることはできません。この機会をチャンスととらえて、企業として飛躍すべきと決心した私は、これまで蓄えていた資金を一気に投入し、海外製品の輸入へと大きく舵を切ったのです。

「仕入れて売る」から「海外で作らせる」へ

海外製品の輸入へと大きな勝負に打って出たことが功を奏し、井野屋にこれまでにないほどの大きな利益がもたらされました。私はこの流れをより安定的なものにしようと考え、韓国、香港、台湾に積極的に足を運び、現地メーカーとの関係を深めていきました。

しかし、このような状態がいつまで続くのかは分かりません。というのも、競合する他社も海外製品の輸入にシフトしていったとしたら、仕入先が海外になっただけで、これまでと同様に単なる価格競争に陥ります。また、多くの商品はデザインやクオリティといった面で、どうしても国内のマーケットが求めるレベルには達していません。そのうち日本のエンドユーザーが海外製品を避けるようになるかもしれません。

なにより鞄はファッションの一部です。消費者の嗜好は刻々と移り変わっています。最終消費者であるエンドユーザーのニーズを敏感に察知し、それをかたちにするには、より身近にニーズを感じることができる、国内にいる人間が考えたものでなければいけないのです。

ならば、競合他社が手に入れられず、デザインやクオリティの高い商品を大量に海外で仕入れることができたとしたら、今より高い利益を手に入れられるのではないか。そう考えた末に行き着いたのが、

「海外で生産した商品を買って日本に持ち込むのではなく、こちらが求めている商品を海外で作らせて、日本に輸入すればええんや」

というものでした。つまり、海外で生産した商品を「買う」のではなく、「作らせる」という視点へとシフトしていったのです。

考えたら即行動しなければ気が済まない私は、輸入を行う部門「ＩＮＹインターナショナル」を立ち上げました。日本のニーズに合った商品を海外で生産委託し、それを輸入するための部署です。

まず海外で生産委託をスタートしたのは、台湾でした。それから香港、韓国へと広げていきました。

生産委託を進めていくうちに、品質の善し悪しが次第に見えてきます。目の肥えてきていた日本人の鑑識眼に適うためには、クオリティの高い仕上がりでなければいけません。付き合いのあった海外メーカーのなかから、技術力の高い生産工場を選別していきました。

そうやって選んだのが、韓国のメーカーです。これまで海外のメーカーに足しげく通っているなかで、こちらの意思をしっかり汲み取りながら、クオリティの高い仕上げをすることに抜きん出た生産工場でした。日本人が求めるデザインへの理解もあり、こちらの意図した商品を確実に形にしてくれました。

加えて、当時（１９８０年代後半）、人件費に加えて輸送費も安かった韓国は、委託生産という視点から見て、絶好の条件がそろっている国でもありました。

そこで、それまで仕入れていた台湾や香港のメーカーとの取引を停止し、韓国の生産工場１社に絞り、国内で企画・デザインした商品の生産をスタートさせたのです。

当時、日本国内で企画・デザインしたものを、海外で生産するという手法を取っている会社はほとんどいませんでした。同じ時期に海外生産を強化した問屋は５～６社ほどありましたが、全体から見ればごく少数に過ぎません。ほとんどの鞄の卸問屋は、国内メーカーが生産した商品を仕入れて販売するという従来のスタイルを変えることができずにいたのです。

時流の変化を敏感に察知し、それに対応できたことで、井野屋の事業規模は確実に大きくなっていきました。

企画・デザインを担当したのは、営業社員だった

海外で委託生産した商品の企画・デザインは日本国内で行いました。そう聞いたら、きっと専属で企画する部署やデザイナーがいたと思うかもしれません。ですが、当時の井野屋には、そんな部署を設ける余裕はありません。企画・デザインを担当したのは、井野屋の営業社員たちでした。

なにより国内のマーケットを知り尽くし、最終消費者であるエンドユーザーが求めるニーズをいちばん理解しているのは、日々現場の担当者と顔を合わせ、街を歩く人たちを観察する営業社員たちです。

今、どんな鞄が人気なのか。その背景にあるのはどんなファッションやブームなのか。専門店やチェーンストアでの販売動向や、街ゆく人たちを見ながら、単に商品を仕入れて売るだけでなく、常に次の売れ筋を考えながら、彼らは営業しているのです。

そういう意味で、最前線にいる営業社員が企画・デザインを担当するのは、自然の流

れだったのです。

当時を知っている冨士松大智君は次のように振り返ります。

「当時の井野屋の営業は、量販店部門と専門店部門に分かれており、私は専門店部門に配属されました。日中は営業して、夜に本社に戻ってから、注文を受けた商品の梱包・発送作業をする毎日を過ごしていました。

そのときの井野屋はレディスがほとんどで、売れ筋のボリューム商品を大量に卸していました。そんななかで私は、上司だった志水さんと一緒に、商品の企画とデザインもやっていました。

私たちが担当していたのは『プレイヤード・イノヤ』という自社ブランド商品でした。入社したての頃は大変でしたが、そのうち営業で訪れた得意先とコミュニケーションを取るうちに、『コレ、売れているよ』とか、『次にこういうのがくるんちゃうかなぁ』といった話をできるようになっていきました。

営業が終わって事務所に戻ると、その日に現場で手に入れた情報を上司の志水さんに伝え、次にどんな商品を作るかを相談していました。2人とも、良いモノを作りたいという気持ちがとても強かったですね。

もともと私はデザイナー志望だったのですが、まったく絵が描けませんでした。なので、もっぱら感じたことや作りたいデザインを口で伝え、それをデザインしてもらいました。伝わらないときは、一緒に売り場まで行って、商品を見ながら詳細を伝えたりもしました。

当初は、量販店部門も専門店部門も『プレイヤード・イノヤ』というブランドだけでしたが、量販店と差別化するために、エレガンスなレディスブランド『アンチフォルムデザイン』と、カジュアルなレディスブランド『ルーズフィットシステム』を立ち上げたのもこの頃でしたね」

営業する社員が、鞄の企画・デザインをするのはなぜなのか。繰り返しになりますが、それは販売するマーケットを熟知しているからにほかなりません。ニーズを肌で感じる彼らが企画・デザインすることに意味があるのです。

そう考えれば、井野屋の営業社員一人ひとりが、まさに流行を作り出すヒットメーカーという顔も持っていたといえるでしょう。

自社物流センターの建設

当時の円高・インフレ傾向が続く日本のマーケットは、〝作っても作っても売れる時代〟でした。その流れに合わせ、井野屋の社内で企画・デザインしたものを、海外で委託生産して輸入するという流れが本格化します。私は、その流れをさらに強化するため、海外委託生産を加速度的に推し進めていきました。

扱う量は急速に伸びていき、韓国から輸入するコンテナの本数は、当初の10倍以上になりました。大阪港に届いた大量の荷物を東大阪の本社に持ち込み、それを検品し、梱包・出荷する作業に追われる日々が続きました。当初は本社でこの作業を続けていましたが、そのうちにそれだけでは足りなくなり、商品を置く倉庫の数を増やさなければいけなくなりました。

そんな状況を目の当たりにするなかで私は、
「これから井野屋をさらに成長するには、物流が鍵になる！」
と強く確信するに至ります。

そこで、私は生まれ故郷の大津市内に「瀬田物流センター」の開設を決定しました。その土地は、私の先祖が所有していた土地で、近くに名神高速道路が通る絶好のアクセスで、物流倉庫としてはこれ以上ないロケーションだったのです。

建物の床面積は約１８００平方メートル。それまで本社と貸倉庫には商品が溢れていましたが、そこからは大阪港に届いた荷物を東大阪の本社に運び込むことなく、そのまま瀬田の物流センターへ運ぶという新たな流れができあがりました。

なにより、コンテナをそのまま入れて保管することもできるスペースがあり、商品を管理しやすくなりました。そこで、20名ほどのパートさんを雇い、検品、梱包、出荷作業を担ってもらいました。ここが、井野屋の物流の拠点となっていったのです。

物流センターの開設が、その後の井野屋を大きく発展させる土台となり、ターニングポイントになりました。物流を人体に例えれば、心臓にあたります。商品はさしずめ血液といったところ。いくら魅力的な商品を作ったとしても、相手が求めるタイミングに届かなければ意味がありません。

チェーンストアから井野屋への発注量はどんどん増えていきました。その要求にしっかりと応えるためにも、井野屋独自のロジスティックスを確立できたことが、その後の成長を大きく後押ししたのはいうまでもありません。

ちなみに、物流センターの土地は、前述のとおり、もともと私の先祖が所有していたところでした。土地を購入する必要はありませんでしたので、建物には約3億円という資金を投入しました。

とはいえ、１９８０年代後半の井野屋の売上は10億円くらいです。それを考えると、3億円という投資が、井野屋にとっていかに大きな金額であったか、想像がつくと思います。

当時の井野屋に3億円もの資金があるはずもなく、全額を金融機関から借りることになりました。その当時の金融機関のトップの方からは、

「本当に大丈夫ですか？」

と尋ねられましたが、

「5年で返済できる自信があります！」

と内心ヒヤヒヤしながらも啖呵(たんか)を切った覚えがあります。

結果として、銀行へ約束したとおり5年で返済することができたことは、私にとって、そして井野屋にとって、大いなる自信につながっていきました。

大型衣料量販店「しまむら」の成長が、井野屋を大きくする

勉強やスポーツなどに取り組むとき、同じくらいの実力の持ち主と競い合ううちに、知らぬ間に実力が付いた経験がある人は多いと思います。

それは、会社を大きくするうえでも同じ。会社を大きく成長させるためには、同じよ

うに成長する会社と手を組むのがいちばんの近道です。

多くの企業とお付き合いさせていただきましたが、なかでも井野屋の急成長を支えてくださったのが、総合衣料品販売の「しまむら」でした。当時、すでに11店舗を展開されていた「しまむら」に対し、同じように成長している会社という表現は適切ではありませんが、現在（２０２０年７月時点）、日本に１４３３店舗を誇る大型衣料品販売の大手企業となった状況を考えれば、まだ成長する初期段階にあったといえます。「しまむら」が大きく発展していくのと歩調を合わせるように、井野屋も大きく成長することができたのです。

「しまむら」との縁は、東京で純皮バッグの縫製メーカーを扱っていた前職・平野屋時代の後輩からの声がけがきっかけでした。聞いてみると、「しまむら」という総合衣料の量販店で、合皮バッグを納める業者を探しているというのです。

それまで井野屋の商圏は関西が中心でした。正直、「しまむら」のことはあまり知らなかったのですが、

「そろそろ井野屋を東京に進出させたい！」

と考えていた私は、「しまむら」の仕入担当者にお会いするために単身、上京します。それが、１９７９年（昭和54年）のことでした。

話はとんとん拍子に進んでいき、短期間で本契約を交わすことになりました。取引を始めさせていただいてからすぐ、

「しまむらさんはすごい可能性を持っている会社や。このまま進んでいけば、のちのち大きな得意先になる！」

と考えた私は、１９８０年（昭和55年）にさっそく東京に営業所を新設します。当時、井野屋で営業の中心として働いてくれていた入社4年目の北端君と、入社2年目の川上君の二人で東京に行ってもらうことにしました。「しまむら」を担当したのは川上君で、次のように述べます。

「井野屋に入社して1年くらい経ったある日、『川上君、東京へ行ってくれへんか？』と、社長からいきなり転勤を告げられたんです。当初、私は大阪を離れるのは嫌だった

ので、もちろんお断りしたのですが、『とりあえず2カ月、行ってくれ』と懇願する社長に折れたのが運の尽きでした。そこから定年退職するまで、東京で仕事をすることになりました。

東京に一緒に行ったのは、当時井野屋の中心になって働いていた営業社員の北端さんと二人。私としては、『北端さんの手伝いをすればいいんだろう』くらいの軽い気持ちだったのですが、社長が力を入れている『しまむら』さんの担当を言い渡されたのです。

私がうかがうようになった頃の『しまむら』さんは、当時で12～13店舗の直営店を展開するくらいの規模でした。今の規模を考えると大きなものではありませんが、衣料量販店として注目を集め出していました。

『しまむらさんはこれから絶対大きく伸びていくはずや。川上君、絶対食らいついて離れたらあかんぞ！』

社長は『しまむら』さんの将来性を確実視しており、私が慣れるまで同行してくれました。それから4～5年すると、社長の言葉どおり『しまむら』さんは100、200、300、400店舗……と、急速に店舗数を増やしていったのです。社長の時代の先を読む目と、成長する会社をかぎ分ける確かな嗅覚は、今考えてもすごいものだと思います。同時に、『ここぞ！』というタイミングを絶対外さない社長の勝負師としての凄みを目の当たりにしました。

一時は、『しまむら』さんとの取引は、井野屋の売上の約20％を占めるほどまでに成長し、井野屋にとっての重要な存在になっていきました。当然、私の担う責任は大きなものになっていくのですが、それに対して社長は、私に窓口を任せながらも、困難な状況になればしっかりサポートし、迷ったときには方向性を指し示してくれました。

社長とは、2～3カ月に一度は韓国・ソウルへ出張に行きました。行き始めたのは、1980年（昭和55年）頃です。韓国はまだ夜12時になると戒厳令で外に出られない時代でした。現地のメーカーの方と夕食をご一緒したあと、ホテルに帰って部屋でよく飲んだものです。2人でさし飲みをしながら、井野屋のこれからのことや、『しまむら』さんの多店舗化にどうやって井野屋は対応していくべきかなど、夜更けまで熱い話を繰り広げていました。お互い興奮してけんかになることもしばしばありました。社長との出張は、その後1988年（昭和63年）のソウルオリンピックのあたりまで続きました。」

１９７９年（昭和54年）１月２日の琵琶湖漕艇場で再起を誓ってから、約10年。時流を敏感に感じ取りながら、鞄の卸問屋としてかたちを変化させてきました。海外製品を「仕入れて売る」から「作らせる」へシフトし、輸入を本格化させるとともに、自社物流センターを建設。大型量販店「しまむら」との取引など、鞄業界のフロントランナーとして、井野屋は返り咲くことができたのです。

第5章

メンズバッグに革命を起こす

——人気ブランド「master-piece」を誕生させ、鞄業界での地位を確立

とにかく街ゆく人を見た

ファッションは刻々と移り変わっています。去年と今年、先月と今月、昨日と今日。必ず違いが見つかります。その違いのなかから、次の流行が生まれていくのです。新たな流行を感じたいならば、街に出るしかありません。そこに身を置き、街ゆく人たちを観察するだけで、必ず新たな発見があります。デザイン、カラー、素材、着こなし方……。これまで感じたことのない〝何か〟が、次の流行になっていく可能性もあるのです。

なかでもバッグは単独で存在するものではありません。服を着た人が持ち歩くものこそがバッグなのです。バッグはファッションの一部です。バッグに関わる人間であれば、ファッションの変化を敏感に感じ取れなければいけません。街ゆく人を見て、その変化を敏感に感じ取り、次なる流行を考える。いくつものトライ&エラーを繰り返しながら、求めていたバッグを世に送り出すことが、私たちの仕事なのです。

私のこれまでの経験上、人気のあるバッグは、それを持つ人のファッションのディテールまでをも想像させる力があります。持つ人のライフスタイルや使い方が明確に見えてくるようなものでなければ、人気を集めることはできません。デザインやカラーだけに限らず、素材から機能性まで……。どんなファッションに合わせたいのかをしっかり伝えるものであるのが鉄則です。刻々と移り変わるファッションの変化を敏感に感じ取っていなければいけません。そのために、私は街ゆく人たちを観察しようと、頻繁に大阪・梅田界隈に足を運びました。

ある日、気づいたことがありました。20代前半の若い男性たちのファッションが変わってきていると感じたのです。カジュアルファッションを着こなしている若い人たちの姿がちらほらと目に付くようになってきました。

ところが、彼らのカジュアルなファッションにマッチするバッグが一つも見当たらないのです。彼らが持っているのは、ビジネスバッグかトラベルバッグのようなものばかりで、カジュアルなスタイルから完全に浮いているように見えたのです。

当時、井野屋はまだレディスしかやっていませんでした。レディスの分野ではカジュアルバッグはいくらでもありましたが、メンズカジュアルバッグというジャンルは確立されていなかったのです。

「若い男性を狙った新たなカジュアルバッグならば、必ず売れるんとちゃうか！」

メンズカジュアルバッグという新たなジャンルは、私にとって競合相手がほぼいない「ブルー・オーシャン」のように感じました。

「挑戦なくして、前進はナシ！」

思い込んだら動かないわけにはいかない私は、さっそくメンズカジュアルバッグの製作を指揮します。このひらめきが、井野屋をさらに高いステージへと押し上げるブランド「master-piece（マスターピース）」の誕生へとつながっていくのです。

「master-piece」は、〝梅田・高架下生まれ〟

当時、メンズバッグといえば、黒か茶系と相場は決まっていました。すでに「PORTER

（ポーター）」ブランドとして知られていた「吉田カバン」は、黒かオリーブというようにカラーリングが決まっており、明るいカラーを使ったバッグは存在していませんでした。カジュアルバッグなのだから、元気の出るようなカラーを使うのは面白いはず。素材も、これまでバッグ用に使われてきた素材ではなく、アパレルやインテリア、アウトドアの素材を使ってみよう。遊び心も手伝い、これまでにないメンズカジュアルバッグの試作が始まりました。

当時、営業としてその現場に立ち会い、master-pieceを立ち上げたのが、今は「アンバイ株式会社」という会社の代表取締役をしている冨士松君です。彼は、当時のことをこう振り返っています。

「当時、メンズカジュアルバッグというジャンルは確立されておらず、人気があったのはアメリカのアウトドアブランド『GREGORY（グレゴリー）』でした。当時の国内ではアウトドアがブームになっており、グレゴリーのバッグパックをタウンユースするのがトレンドでした。そんな流行を見ているなかで、

『もっと街寄りのカジュアルバッグを作れないか?』

『山登りからではなく、タウンユースを主眼に置いたテイストのバッグはできないか?』

と考えた私は、1994年(平成6年)、master-pieceをスタートさせました。

当時の井野屋はレディス中心の会社でしたが、いつか自分が欲しいと思えるバッグを作りたいという気持ちを強く持っていました。

当時の私は入社して3年目の25~26歳。狙っていた層とちょうど同じくらいだった私が欲しいと思えるバッグならば必ず売れるはず、という根拠のない自信がありました。

私がこだわったのは、素材です。これまでバッグでは使われてこなかった塩縮加工されたユーズド感のあるキャンバス生地や、明るいカラーコンビなど、鞄業界の常識を覆すような挑戦をさせてもらいました。

なかでもレザースエードは、見る角度や触る毛並みで微妙に濃淡が出てきて、個人的にとても好きな素材でした。当時、起毛している生地は冬物というセオリーがあったのですが、私自身が夏でもスエードのブーツを履いていたこともあり、カジュアルバッグならばオールシーズン使える素材になると考えたのです。

梅田の『ＨＥＰ　ＮＡＶＩＯ（ヘップナビオ）』の横のＪＲ高架下に『ＥＳＴ（エスト）』というショッピングモールがあります。当時、そのなかに『マルショウ』という得意先があり、その仕入担当の方に試作したばかりのメンズカジュアルバッグの話をしたところ、

『面白そうやないか、実験してみたらどうや？』

と言ってくださったのです。さっそく店頭の隅っこに置かせていただきました。井野屋では前代未聞の３～４万円を超える値札を付けていたのですが、それが20代の男性たちの人気を博したのです。

これが、master-piece誕生の瞬間でした」

飛ぶように売れた「master-piece」

梅田・高架下のショッピングモール「ＥＳＴ」での若い男性たちからの反応を見た私は、すぐにでもメンズカジュアルバッグの時代が到来すると確信します。産声を上げたmaster-pieceもいきなり人気ブランドとなると考えていましたが、事はそう簡単には運びませんでした。

メンズカジュアルという新しいジャンルに加え、デザイン、カラー、素材など、これまでになかった革新的なバッグです。エンドユーザーにとっては興味をそそられるものだとしても、それを販売する店舗がどのように扱えばいいか分かりません。ましてや、これまで井野屋と取引のあった得意先だけでは、なかなか売れませんでした。

また、価格の問題もありました。それまでの井野屋といえば、レディスの売れ筋商品を持っている会社というイメージ。価格も３９００～５９００円といったところが中心で、１万円を超えるような商品は井野屋にはありませんでした。

そんななかで、master-pieceのバッグは高いものでは3万円以上。当然、得意先に持っていっても、

「なんで、井野屋がこんなの作ってるんや？」

とまったく取り合ってもくれなかったのです。

しかし、そこで立ち止まらないのが、井野屋の営業社員です。すぐさま、これまでとは違うルートで販売することを考えます。それが「アパレルルート」でした。今となってはバッグが置かれていないアパレルショップなんて考えられませんが、当時はセレクトショップでさえ、バッグは少ししか置かれていませんでした。

「アパレルレート」が確立された背景には、アパレルショップが服だけでやっていくのが難しくなり、鞄を含めた雑貨を取り入れることで、これまで同様の売上を確保しようという事情があったのです。それは、アパレルにおける鞄の立ち位置が高まる予兆でもありました。

当時を振り返って冨士松君はこう言います。

「これまで井野屋とは『委託』でしか取引のなかった得意先に対し、『完全買取でお願いします！』と言ったところで、どこも取り合ってくれるわけがありません。ならばダメもとで、自分にお金があったとしたら買ってみたかった、インポート系のメンズアイテムを扱うセレクトショップに飛び込みで営業に行きました。

そこが、パルグループがやっていた『ルイス』というお店です。ヨーロッパから輸入したハイブランド商品をメインに扱っていて、当時の自分からしてみれば、その高級感に息が詰まってしまうような店でした。開口一番に完全買取での取引をお願いしてみましたが、そう簡単には買っていただけません。それから1年近く、足しげく通い続けました。バイヤーの方に展示会の案内状を送ってもなかなかお越しいただけないまま、時は流れました。

そんなある日、店舗の責任者の方が展示会にいらっしゃる機会がありました。その方に、master-pieceのカタログをお見せしたところ、

『じゃあ、コレとコレ、あとコレを明日持ってきて』

と商品を指さしながら、軽い感じで言っていただけたのです。このときばかりは、飛

び上がるほどうれしかった覚えがあります。

さっそく次の日商品を持っていくと、デザインとクオリティの高さに感心してくださり、その場でたくさんのオーダーをいただくことができました。それも、これまで井野屋にはなかった『完全買取』という形態を取っていただけたのです。

これに味をしめた私は、アパレルルートのセレクトショップを積極的に回ります。『URBAN RESEARCH（アーバンリサーチ）』が心斎橋・アメリカ村に1号店を出したときにも飛び込み営業に行きました。丸井の紳士バッグ売り場では、当時人気の『吉田カバン』と同じくらいのスペースを取り、『次の押しはコレ！』と言っていただけたことは、とてもうれしかったです。

そのうちに、アパレルのセレクトショップでmaster-pieceを扱っているという話が伝わったのでしょう。井野屋とこれまで付き合いのあった鞄の専門店からも、取引をしたいという連絡をいただけるようになりました。専門店にも、『完全買取』という条件をのんでいただけるようになり、master-pieceが急に大きくなっていったのです。

master-pieceを企画し、2～3年鳴かず飛ばずの状態でしたが、徐々にそのブランド名が認知されるようになっていきました。当初は、欧米からのインポートブランドと思われ、井野屋のブランドだとはだれも気づいていなかったと、あとで耳にしたことがあります。

アパレルのセレクトショップや百貨店から注目を集めたことで、鞄の専門店も取り扱いを始めたことに加え、高価格の商品を『完全買取』するという条件は、井野屋はもちろん、国内のバッグメーカーにとっても考えられないことでした」

このように、既存の枠組みを超えて、メンズカジュアルブランドとして広く認知されるようになったmaster-pieceは、20～30代の若者から絶大な支持を集めるブランドへと成長していったのです。

縫製メーカー「野村広」なくして、「master-piece」は生まれなかった

話は前後しますが、master-pieceの誕生に欠かせない方を紹介しないわけにはいきません。それは、縫製メーカー「野村広」の野村さんです。

野村さんとは、master-pieceができる以前からお付き合いさせてもらっていました。高い技術力を持った縫製メーカーとして知られていた野村さんがいらっしゃらなければ、今のmaster-pieceは存在していません。

当時、メンズバッグを作れる縫製メーカーは数社ありましたが、前述のとおり、2～3年鳴かず飛ばずのmaster-pieceに対して、ほとんどのメーカーは愛想を尽かし、そっぽを向かれるような状況になっていました。そのような状況にあっても、「野村広」の野村さんだけは、協力してくれたのです。

当時を振り返り、野村さんはこう言います。

「ある日、入社して2~3年の冨士松さんがいらっしゃって、『やってほしいことがある』と言うのです。というのも、master-pieceでは鞄に使わないようなアパレル用の生地を使うのですが、そのような生地を別注した場合、カット販売をしてくれず、『反』(46メートル)で注文しなければならないのです。master-pieceがヒットしていれば問題はありませんが、まだ鳴かず飛ばずの時期です。反で生地を手に入れても、まず使い切ることは考えられません。井野屋さんからしてみれば、使い切れない大量の生地を注文することを認めるわけにはいきません。そんな八方塞がりの状態にあった冨士松さんが、『野村さんのところで生地を持ってくれませんか。なんとかお願いします』と頼みにきたのです。通常は、縫製メーカーが大量の生地を持つのは大きなリスクを伴います。ましてやほかに使い道のない特殊な生地です。自分のところの損得を考えれば、お断りするのが当然でしょう。

でも、冨士松さんの話を聞いているうちに、彼の情熱にかけてみようという気にさせられました。そんな気にさせる人間だったのです。

『うちで買うから、冨士松さんの作りたいものを作ったらええわ』

そこから井野屋さんとの付き合いは一気に深まっていきました。

最初に作ったのが、ナイロン6色、塩水で洗う塩縮加工を施したキャンバス地5色を使ったリュックやボストンバッグです。これまでのバッグ作りで使ったことのない生地ばかりでした。当然、ほかのバッグに転用できる生地ではありません。当時、バッグでは色落ちする皮を使わないという鉄則があったのですが、あえてレザースエードも使うというのです。『こんなんで、大丈夫かいな』とも不安に思ったものです。

ましてや、冨士松さんは絵が得意ではなかったんです。頭のなかにあるバッグを仕立てるため、『ああでもない、こうでもない』と口頭で説明してもらいながら、何度作り直したか分かりません。それと同時に、理想のバッグを形にしたいという冨士松さんの執念に圧倒された記憶があります」

こうして仕上げた渾身の商品が「ＩＮＤＹ」と「ＯＶＥＲ」です。野村さんが大量の生地を購入し、冨士松君と試行錯誤を繰り返して完成したこの商品の大ヒットが、その後のmaster-pieceというブランドの礎を作っていったのです。

中国に100％出資の自社生産工場を持つ

刻一刻と変化していくファッションの流行に合わせ、その一部であるバッグも変化していかなければいけません。デザイン、カラー、素材、仕様……。エンドユーザーたちの感性に引っかかる変化が常に求められています。流行を敏感に感じ、迅速に対応できるかどうかで、そのあとに生き残っていけるかが決まるのです。

その部分に大きく関わってくるのが、生産現場の体制です。流行を迅速に察知できたとしても、生産現場がそれに対応できなければ意味がありません。それには、同じものを大量に生産する少品種大ロットという体制では、対応していくことはできません。変化に即対応できる多品種小ロットでの生産が必須となってくるのです。

しかし、これまで井野屋が行ってきた海外生産委託という形態では、生産を細かくコントロールすることはできません。どうしても自社の事業を優先したい、生産効率の下がる多品種小ロットを手がけたくないという相手先の気持ちは、簡単に想像できます。

そのため、こちらがすぐに作ってほしいと思っても、小ロットであるため後回しにされることはよくあることだったのです。

そんななか、生産を委託していた中国・青島の韓国系の生産工場が突然倒産したという連絡が入ってきます。それは、注文を受けていた商品の納入ができなくなることを意味しています。このまま放置しておけば、これまで築き上げてきたクライアントとの信用に傷が付きかねません。

どうにか最悪の状況を回避したいと、中国からの情報を集めます。情報を整理していくと、生産するための施設と人員はそのまま残っているという話でした。

「ならば井野屋で引き取って、そのまま生産を続けたらええやないか！」

そう考えた私は、残っている従業員約１００人に働いてもらい、工場の設備でそのまま生産してもらうことにしたのです。おかげで注文を受けていた商品を納入することができました。この経験から、お客さまに迷惑をかけずに商品を安定供給するのはもちろん、流行に即対応する多品種小ロットを実現するためには、自社生産工場の建設が急務であることを認識します。

私は、さっそく自社生産工場にふさわしい場所を探し始めます。中国・青島の周辺でリサーチしてみたところ、高速道路のインターチェンジから約5分という立地に、ちょうど空いている場所を見つけました。

そこが、井野屋として初めてとなる自社生産工場「青島井野屋箱包」となったのです。当時の青島周辺にあった鞄工場はほとんどが韓国系で、日系は1社しかない状況でした。

井野屋が100%出資したこの中国工場は、立ち上がりで3億円を投入。従業員は2004年（平成16年）に250人でスタートします。合成皮革のPVC（ポリ塩化ビニール）であれば、通常120本が最低ロットのところを、10分の1の12本という小ロットから作れるラインを持っているのが特徴です。自社生産工場を手に入れたことで、これまでの「作らせる」から「作る」へと大きくシフト。注文に応じるだけでなく、流行に即応した生産調整ができるようになったのです。

中国へ進出して16年、小ロットへの対応と、安定した品質管理などが評価され、現在では年間約5億円の輸出をするまでに成長しています。

ベテラン職人×若手職人。おしゃれなメンズバッグを作れた理由

数十年にわたり、日本の製造業は生産コストを抑えるために、アジアを中心とする海外に生産拠点を構えてきました。それに伴い、規模の大小を問わず日本の工場が大きく減少していきました。それは、現場で連綿と継承されてきた技術という文化が途絶えるということです。一度なくなった文化は、二度と復活することはありません。

鞄づくりにおいても、それはまったく同じです。井野屋も生産コストを考え、海外への委託生産から始まり、中国に自社工場を持つまでになっていましたが、それと同時に日本の製造業のレベルの高さを再認識していました。

そこで、海外には真似できない、日本の鞄づくりの文化を残し、それを井野屋のストロングポイントにしたいと考えるようになっていったのです。

きっかけは、先ほど紹介した「野村広」の野村さんがかねてから知っていた「理光産

業」というメーカーを紹介してくださったことでした。

理光産業は、ある大手バッグブランドの生産を手掛けていたのですが、その会社が生産拠点を中国に移すということで仕事の量が急激に減り、立ちいかなくなってしまったのです。

大阪市生野区にあった理光産業の下請け工場には、50〜70代の熟練した職人が20人ほどいました。彼らが持っている技術は、海外製では真似できないすばらしいものでした。

「この技術をなくしてしまうのは、日本の大きな損失や！　日本の鞄文化を残していくのは、これからの井野屋の使命でもある！」

そう考えた私は、その縫製工場の生産設備と職人たちをそのまま引き受けることにします。当時、東大阪市内で井野屋の生産に携わっていた10人ほどの若い職人たちに、理光産業にいたベテランたちの技術を継承することもできると考えたのです。

そして、2008年（平成20年）に誕生したのが、master-pieceの専用工場「BASE OSAKA（ベースオオサカ）」です。

当時、日本のバッグメーカーが国内の自社工場を持つことは珍しく、鞄業界のみならず、いろいろなところで大きな話題になりました。なぜ自社工場を持つことが珍しいのかといえば、仕事が多いときは良くても、仕事がない閑散期でも人件費はかかります。まして海外に比べて人件費は高い。その負担を考えたら、国内で自社生産工場を持つことはできないのです。

そこで、ベテラン職人の技術を若い世代に継承しながら、クオリティの高い製品を生み出してもらうため、前述の野村さんにアドバイザーに就任していただき、ＢＡＳＥ ＯＳＡＫＡの土台を固めていきました。当時の様子を知っているのが、現在ＢＡＳＥ ＯＳＡＫＡでプロダクションコントロールマネージャーをしている恵正樹君と、プロダクションマネージャーをしている西田有宏君です。彼らは次のように振り返ります。

恵「私が井野屋に入ったのは、ちょうどＢＡＳＥ ＯＳＡＫＡを始める前の準備期間でした。そのときはまだ前身となる『ＦＡＣＴＯＲＹ ＯＳＡＫＡ（ファクトリーオオサカ）』と呼ばれていました」

西田「私も同じタイミングで入社しました。当初はミシンが1台だけ置かれているような状態からのスタートでしたが、仕事が始まってみると、求められる技術の次元が違うことにとにかく驚かされました。master-pieceの特徴である異素材の組み合わせや、パターン一つにしても切り返しが多いなど、通常のバッグに比べてパーツが1・5~2倍は多い。仕事に慣れるまで、本当に大変でした」

惠「商品の開発スピードの速さにも驚きました。私は前職で縫製メーカーにいたのですが、そこでは1~2週間でサンプルを上げるペースなのに対し、BASE OSAKAでは毎週のように大量のサンプルを上げなければなりません。さらに有名ブランドからの別注が飛び込んでくることも多く、すごいところに入ってしまったと感じました」

西田「今、BASE OSAKAには職人が30人います。年齢層は幅広く、20代の若手から、70代のベテランまで一緒に仕事をしています。一つの鞄を作るのに、通常5~6人が1チームで動いています。リュックだと100近くの工程があるのですが、表から見えるステッチはベテランがメインで行い、見えない内装や生地を縫い合わせる地縫いは若手が主に行っています。一つひとつの工程を若手が見て覚えていき、最終的には

１人ですべてを仕上げられるようにしています。

同じことをやるにしても、若手とベテランの感性の違いが縫い方に現れてきます。基本は同じでも、そこからどうブラッシュアップをするのか、それぞれのやり方が違うのです。ベテランから若手に教えるのが基本ですが、ベテランが気づかないやり方を若手がやっているのを見て、ベテランがまた刺激を受けることもある。そんな相乗効果が生まれていきます。多様性を自然と受け入れている土壌が、ＢＡＳＥ　ＯＳＡＫＡにはありますね」

惠「現在、ＢＡＳＥ　ＯＳＡＫＡのほかに、『ＢＡＳＥ　ＴＯＹＯＯＫＡ（ベーストヨオカ）』（兵庫県・豊岡市）があります。海外生産の割合が高まり、ますます貴重になっていくメイド・イン・ジャパンの高い技術をしっかりと継承していく。そんな気持ちで、今後もクオリティの高い製品づくりに関わっていきたいですね」

先にも述べたように、国内で自社工場を持つことは難しい時代です。ましてや地方よりもコストがかかる都市型工場となれば、なおさら運営を続けていくことは簡単なことではありません。

しかし、井野屋はバッグを中心に据えたモノづくりメーカーです。その担い手である職人たちが技術を学べて働ける場所、そして連綿と受け継がれてきた技術を継承していくことは、バッグに携わる私たちの使命だと感じています。

25周年を迎えた「master-piece」は次のステップへ

master-pieceは順調に売上を伸ばしていきました。当時ブランドディレクターを担当していた冨士松君を中心に、機能性とデザイン性を融合させたmaster-pieceのブランド認知も確実に広まっていきました。

国内自社工場で生産を行い、卓越した職人たちの技術により、そのクオリティは日本のみならず、海外でも知られるようになっていきました。

そんななか、海外出店の話を持ちかけてくれたのが、吉良さんです。社員が台湾の日本人会で知り合った人物で、台湾の情報を熟知しており、master-pieceのファンでもありました。

彼は、パートナーを通じて販売をしていたmaster-pieceを、台湾市場にさらに知らしめるためにも、

「メイド・イン・ジャパンならではのクオリティを台湾市場にさらに知らしめるためにも、master-pieceの直営店を出したらどうですか？」

と話を持ちかけてくれ、現在では台湾国内の台北にmaster-pieceの直営店を４店舗、展開するまでになりました。

そのうちに、master-pieceの売上が井野屋全体の半分を占めるまでになっていきます。私は、同じような実力の者同士が競争して、しのぎを削ることで成長できるという考えのもと、社内に競争原理を持ち込むために、マスターピース事業部の分社化を考えます。分社化のタイミングは、売上20億円と決めていました。

目標売上を達成した２０１２年（平成24年）、マスターピース事業部はＭＳＰＣ株式会社として分社化します。社長には、マスターピース事業部の立ち上げから参加してくれた冨士松君が就任。ＭＳＰＣ株式会社と、そのほかの株式会社井野屋を合わせ、井野

屋グループとして、新たに出発を果たしました。

現在、MSPC株式会社で事業部長をしている藤井安君はこう言います。

「1994年(平成6年)にmaster-pieceが誕生し、おかげさまで2019年(令和1年)に25周年を迎えることができました。機能美をテーマに、社内で企画・デザインを行い、それを国内にある自社工場で生産していく、日本ではあまり例を見ないスタイルにこだわってきました。

自社工場だからこそ、納得いくまでとことんやり抜ける。時には意見が対立することや、デザイナーと生産工場にいるサンプル師との間で、何度となくやり直しを繰り返すこともありますが、『良い鞄を作りたい』という共通の思いを抱いているからこそ、ほかには真似できない製品を世に送り続け、25年間にわたってmaster-pieceというブランドを維持してこられたのだと思います。

国内バッグメーカーの海外生産が進み、どんどん廃業する工場が増えていくなかで、メイド・イン・ジャパンの高い技術力をベースに、自分たちが思うモノづくりができる環境を持ち続けていたいという思いはますます高まっています。

これからさらに進化していくmaster-pieceに期待してほしいです」

master-pieceは２０２０年（令和2年）より、新たなディレクターチームによる体制に変わりました。水野美智雄君と古家幸樹君という若い二人が、master-pieceの旗振り役を担うことになったのです。

もともと2人は、「ｎｕｎｃ（ヌンク）」という別のブランドを手掛けてきたチーム。最近では、master-pieceとスポーツメーカー「ミズノ」とのコラボレーションを実現し、今まさに勢いに乗っているといえるチームで期待は高まっています。２人は次のように述べます。

古家「水野がデザインを、私がディレクションやＰＲという、それぞれの得意分野を活かして、ｎｕｎｃというブランドをやってきました。そのなかで私がやってきたことを一言で表すとすれば、水野が作るデザインを、ベストな環境で人に伝えることだと思っています。ｎｕｎｃではそれが実践できました」

水野「2人のバックグラウンドがまったく違っていたからこそ、お互いを信頼し、それぞれが責任を持ってここまでこれているのだと思います」

古家「スポーツメーカーのミズノさんとのコラボレーションも2人で始めた企画です。きっかけはミズノの方がmaster-pieceの展示会をのぞいてくれたことでした。私自身、ずっと続けてきた野球の話で盛り上がり、その方から『今度、工場を見に来てくださいね』とお誘いいただいたのです。そこで、ミズノのバッグを作っている方とまた話が盛り上がり、同じ大阪を拠点とするということで、コラボしようという流れになったんです。これまでコラボは3回やっていますが、ブランド設立以来の売上を記録する最高のシリーズになりました」

水野「デザインのインスピレーションはゼロからではありません。ただ、いつもどうやってmaster-pieceらしさを出せるかを考えています。デザイン、生地、カラー……、模倣にならず、常に挑戦している感じがmaster-pieceらしさです。ただ、この10年で価格が1・5倍に跳ね上がっていて……。master-pieceは生産コストの高い日本で作っています。良いモノを追求すれば、必然的に価格が高くなってしまう。そのあたりのバランスがデザインチームには求められているんです」

古家「そのなかでも、master-pieceが26年もの間、メイド・イン・ジャパンを中心にここまでこられたことはすごいことだと、素直に思いますね」

水野「今後もmaster-pieceが成長していくために、団結力をさらに高めないといけない。そんな危機感から、2019年（令和1年）12月に私と古家の2人がmaster-pieceのディレクターに名乗りを上げたんです」

古家「master-pieceというブランドには、社員でもいろいろな解釈があります。そこには連綿と受け継がれてきた〝秘伝のタレ〟のようなものがある。デザイナーには、master-pieceならではのエッセンスが引き継がれています。私もmaster-pieceに入って7年ですが、しっかりと受け継いでいます。良い意味で、人それぞれのmaster-pieceがあるのですが、逆にいえばいろいろなmaster-pieceがあり過ぎるとも感じていたんです。そこで、2020年（令和2年）秋からはそのmaster-pieceのイメージに大きな柱を設けていきます」

水野「ブランドロゴも一新し、master-pieceを新たな章へと進化させます」
古家「コロナ禍で、今後インバウンドでの売上が期待できなくなった今、これまで以上に日本人に向き合った提案をしていかなければいけません。これからの時代にmaster-pieceがどう対応していくか、期待していてください」

「master-piece」だけに収まらない。「SLOW」をはじめとする、井野屋ブランドの矜持

現在、井野屋グループは、master-pieceを筆頭に14のブランドが存在するまでになりました。なぜそれほどブランドが必要なのかと、疑問を持たれる方もいるかもしれません。その答えは簡単です。社員に〝責任感を持ってもらう〟ためです。

単に仕入れた商品を売るだけであれば、働く楽しみは限定的です。自分で考えて、それを一つひとつ形にしていった結果が売上や利益という数字となって表れるからこそやりがいがあり、楽しさがどんどん増していきます。ひいては、社員の定着率向上にもつながっていくとも考えています。

一つのブランドを構築するためには、コンセプトはもちろん、商品のデザイン、生産や販売のやり方、展開の方法、ブランドネームに至るまで、詳細に決めていかなければいけません。

社内にはバッグという同じテーマでさまざまなブランドがあるなかで、自分が立ち上げるブランドはほかと何が違うのか。それを真剣に考えることで、自分のスタイルを確立していくのです。

そんなスタイルを極めたブランドが、「ＳＬＯＷ（スロウ）」です。欧米のトラディショナルスタイルをコンセプトにしたカジュアルブランドとして、長く愛用できる鞄を提案。鎌倉、京都、自由が丘（東京）、福岡、南堀江（大阪）をはじめ、全国に店舗を展開するブランドとして、高い人気を誇っています。

ディレクターをやっている深田義人君に、どのようにしてブランドを立ち上げ、どんな考えでＳＬＯＷを展開しているのかを語ってもらいました。

「入社して5年ほど営業をやっているうちに、仕事を俯瞰して見られるようになっていました。そんななかで当時の上司の勧めもあり、合同展に参加することになったんです。出展3カ月前からコンセプトを考え、それに連動するブランド名を付けました。同時に、縫製メーカーにピッタリと張りつき、頭のなかにあるデザインを形にしてもらいました。そうやって誕生したのが、ユニセックスブランドの『Ｃｒｅｅｄ（クリード）』です。

私は、ユニセックスバッグの消費スピードの速さには、かねてより疑問を感じていました。良いモノを作ったとしても、店頭に出て2～3カ月したら、すぐセールで安く売られてしまいます。私は、それとは正反対のブランドを作りたいと考えていました。つまり、移り変わりの激しい時代に、ゆっくりとモノづくりを追求し、いいモノを長く売り続けられるようなブランドです。そんな考えから立ち上げたブランドが、ＳＬＯＷでした。

コンセプトは、伝統（変わらない良さ）と革新（変わらなければいけないこと）の融合。欧米のトラッドスタイルをベースに、カジュアルでありながら、品のあるモノづくりを提案していきたいと考えました。

商品は熟練の職人たちによるハンドメイドを徹底するため、鎌倉と京都、北堀江（大阪）の直営店では、１階にショップ、２階を職人が手作りする工房というスタイルをとり、『売る』と『作る』を一体化しています。あえてメイン通りには店舗を置かず、外れたところに店舗を構え、お客さまが求めて買いにくるという環境までを含めたブランドコンセプトを構築しました。

使っていくうちに、ゆっくりと時間とともに生まれる表情の変化を楽しんでいただけるように、職人たちはさまざまな工夫をこらし、日々研さんを積んでいます。自分たちでしかできないオンリーワンのモノづくりをするため、これからも革新し続けていきたいです」

大阪・本町へ本社を移転する

東大阪の渋川町に本社を移転してから約25年。苦しかった時代を乗り越え、３年で黒字化を果たした井野屋は、生産コストの安い海外で「作らせる」から「作る」体制へとシフトしたことで、売上を飛躍的に向上させました。さらに、master-pieceの人気も相まって、井野屋は大きく成長することができました。

そこで、ずっと考えていた本社の移転を検討し始めますが、すでに行き先は決まっていました。大阪・本町（船場）です。私が高校を卒業して入社した平野屋があった場所であり、祖父が事業で夢破れた場所でもあります。なにより、井野屋を立ち上げる際、船場に事務所を構えたかったものの、家賃の高さに断念せざるを得なかったため心残りがありました。

「いつかは、必ず船場に戻ってくる！」

あのときの自分への誓いが、ついに現実になるときがやってきたのです。

場所は、かつて祖父が大阪で仕事をしていた頃の話に出てきた三休橋筋です。取引銀行から紹介されたのが、この筋に面した約23坪の6階建てのビルでした。土地と建物で2億7000万円という金額でした。決して安いわけではありませんが、念願の船場です。紹介されたのも何かの縁です。迷うことなく、購入することにしました。

購入してみると、「ついに船場に戻ってきた！」という感慨はありましたが、「まだまだこんなもんとちゃう。あくまでも途中経過や。これからもっともっと上を目指すんや！」

と自分をさらに奮い立たせました。

それから10年以上が経った頃、三休橋筋の本社の斜め前にある三休橋筋と備後町通が交差する角地に、5階建ての古いビルがありました。当時、岡山県産業ビルという名前で岡山県が所有していたビルです。岡山県と話し合いの末、その土地を手に入れることができました。

建物は老朽化していたため解体し、12階建てビルを建設。そして完成したのが、INOYA BLDG OFFICEです。12階建てのうち、5階まで井野屋グループが入り、1、2階をMSPC株式会社、3、4階がCreedや国際部・レディス部門・ショールーム、5階に総務が入居。6～12階は賃貸マンションにしました。本町の一等地ということで、おかげさまで工事中より予約が殺到し、満床が続いています。

自分の後ろに道はできる

井野屋は、いまやアパレル業界では常識となっているSPA（Speciality store retailer of Private label Apparel）を、鞄業界でいち早く導入したことでも注目されてきました。SPAとは、1986年（昭和61年）にアメリカの衣料品大手の「GAP（ギャップ）」が自社の業態を指していった言葉で、素材調達から企画、開発、製造、物流、在庫管理といったすべての工程を、一つの流れとしてとらえた販売業態のことです。

井野屋は、これまでエンドユーザーのニーズを多角的に検証し、開発から生産、流通、販売に至るまで、組織として一貫性のあるブランドマネジメントを構築してきました。そこで培ったノウハウを活かすことで、サプライチェーン全体のロスを最小化。流行や売れ行きに応じた生産調整が迅速にできるだけでなく、高い利益率を確保するシステムをつくり上げることができたのです。

創業から50年以上を経た今、鞄業界のなかで独自のスタイルを構築してきた井野屋は、いまや孤高の存在といえるかもしれません。だれもやってこなかったことに立ち向かい、いくつもの失敗や挫折を経験。しかし、そこで手に入れたノウハウは、挑戦しなかった者には得られるものではありません。そこで得たものがあったからこそ、今があるのです。

これから、国内の鞄業界はますます厳しい時代に突入していきます。海外製バッグの品質やデザインはますます向上。鞄業界以外からの参入も当たり前になっています。そこで生き残っていくためにはどうすればいいかと不安になったとき、井野屋の進んできた道が参考になるかもしれません。

これからも鞄業界のフロントランナーとして、井野屋は足跡を残していきたいと考えています。

第6章

人生を鞄に捧げた68年

——後継者の死で気づいた井野屋のこれから。仕事に惚れて貫けば、事業は必ず成功する

最終消費者の琴線を刺激し、プライドを満足させる鞄を作り出す

私にとって鞄は単なるモノを入れるための袋ではありません。ただの袋を、わざわざ高いお金を払ってまで手に入れたい人はいないでしょう。

モノを入れるための袋に、ちょっとしたアイデアを詰め込んだものが、私の考える〝鞄〟です。ほかにはないようなデザインや、見たこともないカラーリング、自分の使い方にマッチする素材などが使われ、そこに付加価値を感じ取るからこそ、高いお金を払ってでも手に入れたいと思うのです。

そういう意味で、鞄ブランドは付加価値を追いかけなければ利益を手に入れられないし、企業としてやっていくことはできません。ならば、付加価値を生み出すアイデアを、どれだけ鞄に詰め込めるかが勝負になってきます。鞄の価値を上げるも下げるも、自分たち次第ということなのです。

では、そのアイデアを絞り出すためにはどうすればいいのか？

私からいわせれば、近道はありません。進むべきは、鞄に惚れて、仕事に惚れるという王道しかありません。徹底的に惚れ込んでいくなかで、見えてくるものは必ずあります。得意先に足しげく通い、現場やバイヤーのニーズを肌で感じたり、街に出て歩く人たちをひたすら観察したり、まったく違うジャンルの人と触れ合ったり……。

惚れるとは、常に頭の中心にその対象があるということです。鞄に惚れたとしたら、いつも鞄のことを考えている状態。だからこそ、街を歩いて気づくちょっとした変化や、話のなかで出てくるキーワードに即座に反応する。それが新たなアイデアにつながっていくのです。

もう一つ。アイデアを絞り出すには、エンドユーザーのプライドをいかに満足させるかを考えるのも重要です。この鞄を手に入れることによって、どんな気持ちになるのかを想像するのです。

「この鞄、かっこいい。どこで買ったの？」

「見たことのない色のバッグだね。なんていうブランド？」

「これ、いいな。俺も同じバッグ買おうかな」

仲の良い友達や、仕事の取引先の方にこのように声をかけられて、嫌な気持ちになる人はまずいません。ファッション好きからしてみれば、自分だけしか持っていないという状況は、プライドを大いにくすぐるに違いありません。

なかでも鞄は、ちょっとした流行の変化にも敏感に反応する商材。ステッチのデザイン、素材の触感、機能美を感じさせるデザインなど、ほかにはない付加価値を見つけるからこそ、その鞄を手に入れたいと思うのです。

鞄は、持つ人のキャラクターを決定する重要な要素になります。だからこそ、付加価値のある商品とは、最終消費者の琴線を刺激し、プライドを満足させるものでなければいけません。

仕事に惚れ込み、一生貫け

井野屋は「鞄の学校」とよく言われます。弊社から優秀な人材が多数輩出されていることからこう呼ばれているのですが、これはとてもうれしいことです。

鞄の学校といっても、もちろん座学をするわけではありません。ただ、今やっていることの意味をちゃんと理解してもらうようにしてきました。

入社したら、まずは営業として得意先を回り続けます。すると、どんな商品が求められているのかが肌で分かってきます。それを積み重ねていき、全体の流れを熟知したならば、どんな商品だったら売れるのか、どうすれば利益が出るかが見えてきます。

次に、自分でブランドを立ち上げます。ブランドをつくるにはコンセプトを考え、商品の企画やデザインをし、生産工場や流通方法、販売形態を考えなければなりません。どうすれば利益をしっかり出し、持続的に続けられるかを考えて実践していく。そうしているうちに、自然と経営者としての感覚が身に付いてくるのです。

私は、社員に将来の夢を持たせることは、社長としての務めだと思っています。どんなことをしたいのか、どんな夢を持っているのか。それを知るためにも、社員一人ひとりの声に耳を傾け、取り組んでいることや直面している問題を理解する努力をしてきました。一人ひとりと話ができる機会は多くはありませんが、できる限り社員たちの夢を実現できる状況をつくってあげたいとは、今でも思っています。

ブランドを立ち上げるならば、まず私が納得できるまで説明してもらいます。腑に落ちさえすれば、私は全力で応援します。しかし、会社がなんでもするわけではありません。その代わりに権限を委譲して責任を持たせることで、社員のやる気を今以上に引き出せると考えているのです。

仕事とは、与えられるものではなく、自分で切り開いていくものです。受け身では何も始まりませんし、そんな人と一緒に仕事をしてもしょうがありません。

自分で切り開いていくためには、仕事に惚れ込まないといけません。私がよく使うのが、「三惚れ」という言葉です。「土地に惚れ、仕事に惚れ、女房に惚れる」。人により、その内容は変わっていくかもしれませんが、仕事をしてご飯を食べている以上、仕事に惚れ込まなければいけません。

どんな仕事であっても、本気になって腰を据えて臨めば、そのなかにやりがいが見つかり、楽しくなっていくものです。

今の時代、いろいろと仕事を変える人もいます。それはそれでいいのですが、一つの道を貫き、突き進んでいくことが、本当の意味での仕事だと私は思います。それを生涯貫いていったとしたら、どんな仕事であっても〝大したこと〟になっていく。それが、人間国宝やノーベル賞にも通じていくと私は考えています。一つ忠告するとすれば、「仕上がり良ければすべて良し」を確実に実践することです。

また、鞄のクオリティや働き方にも当てはまりますが、ビジネスである以上、お金についてはきっちりする。それは、基本中の基本です。

どんな厳しい状況であっても、金払いをしっかりしていればなんとかなる。逆に調子の良いときでも、お金にルーズだとあとあと痛い目に遭うことになります。これは、井野屋を半世紀以上やってきた私だからこそ、伝えられることだと思っています。

井野屋を卒業した人物のなかで今、最も活躍しているのがmaster-pieceを立ち上げた冨士松君です。彼には、すぐに人と仲良くなる天賦の才がありました。懐に入り込むといいますか、仲良くなった人たちが放っておかない、良い意味での「人たらし」です。今は、「UNBY（アンバイ）」というブランドを立ち上げ、自分のスタイルを突き詰めている姿は、本当にすばらしい。彼がこの業界全体を引っ張る人物の一人になっていることは、私としても誇らしいことです。

冨士松君とはスタイルは違いますが、Creed、SLOWを立ち上げ、今も井野屋でSLOWのブランドディレクターをやっている深田君も、鞄業界を引っ張っている人物の一人です。彼はずっと野球をやってきたスポーツマンで、ガッツと忍耐力がある人物。そして、一度仲間になった人をとことん大事にする魅力的な男です。窮状に瀕していた仲間の会社を助けようと、積極的にその会社の製品を扱い、しっかりビジネスとして結果を出しているのは、なかなかできることではありません。店舗兼ファクトリーというスタイルを確立し、鞄業界に新たな流れを起こしたことは間違いありません。

まだまだ面白い人間が井野屋グループには溢れています。逆にいえば、冨士松君や深田君のように、もっと突出する人間が出てこなければ、日本の鞄業界は面白くなっていきません。井野屋は、これからも「鞄の学校」としての役割を果たしていきたいと思います。

時代の先を読む

井野屋が50年以上、荒波を乗り越えながら続けてこられたのは、時代の流れに合わせて変化してきたからにほかなりません。

ボートは流れが緩やかなところで漕いでもさほどスピードは出ませんが、流れが急なところにコースを変えれば、同じ力で漕いでも、全然スピードが違ってきます。オールで漕いだときの水面の泡立ちや渦の状況から、流れをコックスが判断。それに対応した指示を漕ぎ手に的確に伝えることで勝負は決まるのです。

ボート競技では水面下の流れに加え、風の流れを読むことも重要です。琵琶湖の浜大津でボートの練習をしているときに大阪や京都から来た人がヨットに乗りにくるのですが、琵琶湖の比良山から下りてくる突風「比良おろし」でヨットがよく転覆していました。突然吹き付ける強風に、為す術はありません。しかし、天候や風の流れを見れば、比良おろしが来ることが予想できるので、それに対応した進め方をすれば転覆する心配はありません。

こんな経験から、目に見えることだけでなく、起こり得ることを予想する目を養います。それはビジネスにも当てはまること。現在起こっている状況をしっかり収集し、想像力を働かせて「その先」を読み、効果的な戦略を引き出せる企業は、そうそう簡単になくなりません。

井野屋がここまで続けてこられたのは、それを愚直に実践してきたからだと自負しています。

自身の二度の大病

今から5年前のこと。本社で仕事をしていると、ちょっとおかしな感じがしました。

これまで感じたことのない感覚で、ひどく気分が悪くなりました。その日はとりあえず早めに家に帰って、すぐに大阪市立病院に連れて行ってもらいました。

医師によると、脳梗塞になっているというのです。そこで、すぐに入院することになりました。それから3年間、私の入院生活が始まったのです。

これまでの私はといえば、接待もありましたが、お酒を欠かす日はほとんどない生活を送っていました。もともとお酒が好きだったこともあり、休みの日ともなると昼から飲んでいたくらいです。お酒は私にとっての重要なコミュニケーション手段の一つでした。そのうえ、一日に3箱は吸うほどの重度なヘビースモーカーでもありました。

家族から言わせれば、これまで健康でいられたことが不思議なくらいだったのです。しかし、私は健康だとなぜか自信があったため、家族からの言葉に耳を傾けてきませんでした。そんな私が、突然の病魔に襲われたのです。

もう少し遅れていたら、さらに深刻な状態になっていたとのことですが、どうにか九死に一生を得ることができました。しかし、脳梗塞は相当にひどい状態でした。思うように身体を動かすことはおろか、しゃべることさえできません。娘が毎日のように見舞いに来てくれましたが、「あいうえお」とひらがなが書かれたボードを指さして会話をするのが精一杯でした。

苦しいリハビリを続けていたのですが、身体をくまなく調べていくと、ほかにも悪いところが見つかります。今度は泌尿器科でした。再度手術をしなければいけなくなったのは、脳梗塞から1年後のことでした。

そして3年前、急に声が出にくくなりました。以前から違和感はあったのですが、高校の頃にボートで大きな声を出していたことによる後遺症かとも思っていたのですが、医師に言わせるとそうではなくて、ポリープがあるというのです。「ガンではありませんが、除去したほうがいい」ということで、今度は喉の手術をします。しかし、完全に除去できなかったため、そこから放射線治療となり、月に20日くらい病院に通う日々が続きました。

その後どうにか退院できたのですが、以前と同じようにはいきません。ですが、1年半ほど前から、週に2日だけ井野屋に出社するようにしています。お客さまのお相手ができますし、話もできる。聞き取りにくくてご迷惑をおかけしているかもしれませんが、家でじっとしているよりは、精神的にもずっと楽に過ごせています。

後継者の死

私が入退院を繰り返している間に、井野屋を大きく揺るがす出来事がありました。それは、私の娘婿が亡くなったことです。彼には、私の跡を継いで井野屋を引っ張っていってもらうつもりでした。

私が脳梗塞で入院している間も、仕事の相談も含めて、よくお見舞いに来てくれていました。そのときは元気そのもので、病気の影はまったく見えませんでした。

そんな彼が、突然肺ガンを宣告されたのです。若いこともあり、あれよあれよという間に亡くなってしまいました。それから1年になります。

彼に井野屋を引き継ぐつもりで、いろいろと準備を進めてきていました。これからの井野屋の中心になるべき人物を失ったことは残念でなりません。

加えて、娘にとって旦那であり、孫の父親であり、そして私にとっては長く井野屋を一緒にやってきた娘婿である彼の死は、心に大きな穴を空けました。

なにより、本人が悔しかったと思います。思い出すたびに、今でも涙が溢れてきます。

井野屋のこれから

大きな病気をして改めて思ったのが、これまで陰になり日向になり、井野屋に協力してくれた社員たちがいたから、今があるということ。社員がいなければ、何もできませんでした。彼らのためにも、「しっかり給料を出せる会社をつくりたい」という思いを強く持ち続けてきました。

社員たちにはどう伝わっているか分かりませんが、私は社員に愛情を持っています。愛情というと、少し変な感じに聞こえるかもしれません。分かりやすくいえば、社員への愛情はお金でしか表現できません。給料をたくさん渡すことで、仕事へのやる気は出ますし、ひいては会社に愛情を返すことにつながるのです。うちは零細企業ですが、そのなかでも高い給料を支払えていると自負しています。

この思いに至った理由は、創業から10年ほどで井野屋の経営が危機的な状況に陥ったときに遡ります。いつ倒産してもおかしくない状態でした。当然、社員たちにろくな給料を払ってあげられません。そんななかでも社員たちはひたすら頑張ってくれ、3年という短期間で井野屋を黒字化できたのです。あのような思いを二度とさせたくはありません。

「頑張っている社員たちに、しっかり給料を出せるような会社にせなあかんし、それが経営者としての責務や」

そんな決意もあり、井野屋は鞄業界で先進的なことに取り組んできました。鞄業界でいち早く海外委託生産や中国自社工場の建設に乗り出し、自社ブランドを展開し、そしてSPAを導入するなど、高い利益率を確保するシステムを積極的に導入してきたのです。

そうやって出した結果は、すべて社員にオープンにしてきました。会社の決算書はもちろん、私の給料まですべて社員に見せています。公明正大でガラス張りの状態を見せることも、社員への愛の証だと考えています。

おかげさまで、井野屋は鞄業界で知られる存在になってきました。しかし、最終消費者であるエンドユーザーへの認知度はまだまだです。ただ、これからの時代はすべての人に知られる存在よりも、一人ひとりのとっておきでありたいと考えています。「master-piece」「SLOW」「Creed」「Folna（フォルナ）」……。自分のライフスタイルにマッチするお気に入りのブランドを見つけてもらい、消費者と一緒にブランドを成長させていく。これからは、そんな時代になっていくのかもしれません。

価値観がドラスティックに変化していく今。心を落ち着かせることが難しくなっていく時代かもしれません。そのなかでも、あなたに寄り添える商品を、井野屋グループは変わらずに提供したいと考えています。

社員インタビュー

Vol.1

川上 省三

1977年（昭和52年）入社。東京営業所で「しまむら」を担当。40年以上にわたり、「しまむら」との取引に関わる。65歳まで井野屋に勤め、現在は井野屋のアドバイザーとして後進の指導にあたっている。

少人数のアットホームな会社だった

私が井野屋に入社したのは、1977年（昭和52年）です。近畿大学に通っていた当時、就職するならアパレルが良いと漠然と考えていましたが、卒業が怪しくなったこともあり、就職活動が何もできていない状態だったのです。友達から、「そろそろ10月やから、就職する気があるなら就職課に行ったほうがええよ」と言われ、そこで紹介されたのが井野屋でした。内定をいただきましたが、もし留年したら断らないといけないと思っていたところ、なんとか卒業することができ、入社することになりました。

入社初日、向かったのは東住吉区今川町にあった本社でした。都会的なビルが建ち並ぶ大阪市内とは違い、当時の東住吉は大きな田んぼが広がるようなのどかなところ。そこに木造2階建ての事務所兼社長の自宅がありました。もうちょっとオシャレなところかと思っていたので、少しだけガッカリした記憶があります。

私と一緒に入社した龍谷大学卒の新人2人を指導してくださったのが、2年前に入社した先輩5人でした。彼らは、井野屋が初めて採用した大卒メンバーで、その後の井野屋の中心的存在となっていった人たちです。私の2歳上とは思えないほど、大人に見えましたし、実際先輩たちの仕事ぶりは凄まじいものがありました。そこに以前からいらっしゃったという営業部長を合わせた8名に、社長が加わるくらいの小さな会社でした。

本社の2階には、社長のご家族が住んでいらっしゃいました。当時小学校1年生だった今の登紀子専務とも毎日のように顔を合わせていました。入社したばかりの頃、会社の前をほうきで掃いていると、社長が営業から帰ってくるんです。「お帰りなさい」と出迎えるような、アットホームな雰囲気が当時の井野屋にはありました。

社長は社員をしっかり見ている

それから1年ほどしてから、私は東京への転勤を告げられます。当時、井野屋でいちばん数字を上げていた北端先輩と2人で東京に行き、新たに営業所を開設しました。まったく東京での実績がないところからのスタートです。どうにか新規開拓をしようと、頑張りました。

先輩が営業車に商品を積んで得意先を巡り、事務所に帰ってくるのが22～23時。先輩が帰ってくるまでご飯は食べられませんから、電話番をしてひたすら待ち続けるんです。帰ってきてご飯を食べて、事務所の奥の2段ベッドでそのまま寝る……。そんな生活を続けていました。当時の働きぶりは本当に凄まじいものがありました。

それを可能にしたのが、社長の人間性だと思います。絶対、やると決めたことはやる人で、その背中に対する先輩たちの信頼は大きなものでした。

社長はとにかくよく人を見ていました。社員の性格を見て、褒めたり褒めなかったり。

人によって、まったく対応が違うんです。私なんか怒られてばかりで、褒められることはほとんどありませんでした。だけど、やったことに対して何も言わずにお金を出してくれたり、困っているときはちゃんと手を差し伸べてくれたりと、ポイントをしっかり押さえていました。いつもどこで見ているのかと不思議なんですが、ちゃんとやったことに対して評価してくれるという安心感がありました。

東京での仕事が軌道に乗って数年経つと、社長から直接指示が飛んでくることはほとんどなくなりました。社長は基本的に大阪本社にいて、私は東京支社という距離的なものもあったでしょうが、任せるべきところは任せ、現場の人間に責任感を持たせていました。私も任されている以上、ちゃんと成果を出そうと必死でした。やりがいはありましたが、プレッシャーは強かったです。

「俺はケチやけど、生き金は使う。死んだら一切使えないからな。生きている限りは金を使うから、お前がやりたいようにしろ！」

言葉は悪いのですが、ちゃんと社員を見て、手を差し伸べてくれました。お金がかかるような場合は、まずちゃんと社長を説得しないといけません。こういうビジョンがあって、その根拠は……と言葉を並べるのですが、最終的には本気でやりたいという熱意を社長が感じるかどうかで決まる。それだけなんです。

基本的にワンマン社長ですが、仕事に関しては売上と利益さえちゃんと出していれば、あとは何をしてもいいというスタイルを徹底していました。だからこそ、井野屋からいろいろなブランドが生まれるんでしょうね。

衣料量販店「しまむら」では売上3～5番手をキープ

東京営業所で私は、衣料量販店の「しまむら」さんを担当することになりました。当初は、鞄からリュックまで、いろいろな商品を入れていたのですが、「しまむら」さんの規模が大きくなるにつれて卸をするサプライヤーが増大。今では40～50社のサプライヤーが集まっています。

サプライヤーにはそれぞれの得意な商品があります。当然、「しまむら」さんはサプライヤーの得意な商品だけをピックアップすることになります。このやり方の特徴は、その商品が売れているときは売上が大きく上がりますが、売れなくなると代替品がなく、一気に売上がなくなるということを意味します。

年に1回、サプライヤーを集めて懇親会を行い、そこで毎年の売上上位を発表するのが恒例になっています。そのランキングを見れば、各サプライヤーの動向が見えてきます。去年1位が今年5位だとか、去年2位だったところが圏外になったとか……。

当時、「しまむら」さんは井野屋にとって大きな売上の柱となる取引先になっていました。そこの売上が大きく上下すれば、井野屋の屋台骨さえ揺るがしかねません。そうならないために、年間3～5番手といった上位をキープし、そこから落ちないように努力してきました。

でも、これがなかなか難しいのです。毎年の流行からその年のメインとなる商品が発表されると、その商品を得意とするサプライヤーに注文が集中します。すると、ほかのサプライヤーも同じ商品を取りそろえるようになる。バイヤーはそうなることは分かっているのに、どうしてもそれを買い過ぎてしまう傾向があります。すると、その商品が飽和状態に陥ってしまい、結局全部が売れなくなるという事態に陥ってしまうのです。

シーソーを想像すれば分かりやすいと思います。おもりを片側に寄せ過ぎると、シーソーが一気に傾いて、逆側に戻るまで時間がかかります。それに対し、シーソーの真ん中のあたりで複数のおもりを置けば、傾いてもすぐに逆に戻ることができます。

そこで、シーソーのバランスを取る要領で、ジャンルの違う商品を同時に扱っていただくことで、結果として年間3～5番手の売上をキープするという方法を取り、少しずつ右肩上がりに売上を伸ばしていくように努めてきたのです。

しかし、社長からは「どうして売上トップになれないんや」とよく怒られました。でも、私のやり方を変えろとは言わないんです。頭のなかでは、私のやり方を続けることで売上が安定して、結局は井野屋のためになると分かっていたと思います。でも、建前上、「3位で良いぞ!」とは言わないですよね。「1位をとり続けるのが男やろ」と口癖のようにおっしゃっていました。

社員の気持ちを汲み取った社長の対応に奮起

多店舗化により、ますます規模が大きくなっていった「しまむら」さんは、井野屋との取引額もどんどん大きくなり、同時に井野屋全体で「しまむら」さんが占める割合も大きくなっていきました。当然、競合するサプライヤーの数も多くなり、競争は激しさを増していきました。

「しまむら」さんからの月々の売上は2000万～3000万円といったあたりで推移しており、それを決めるのは、月に1～2回しかない商談でした。もしその商談に失敗したら、ゼロになってしまいます。私は、そのプレッシャーと毎月のように戦っていました。

かつて、こんなことがありました。こちらが卸した商品に不良品が見つかったのです。それにより、3カ月取引停止になったことがありました。月に2000万～3000万円近い売上が、3カ月入ってこなくなるんです。商談してから納品するまで2カ月かかることを考えれば、半年は売上が大きく落ち込むのが見えていました。

そのときの社長の顔は見ていられませんでした。それまで「しまむら」さんとの取引を何年間も落としたことがなかったので、その売上があることを前提にお金のやりくりをしていたはずです。経営的に相当苦しい状態だったと思いますが、私がつらいことを理解していた社長は、慰めたり、怒ったりすることは一切せず、淡々と仕事をされていました。社長からすれば「なんで、こんなことになったんや！」と怒ることもできたはずです。でも、社員の気持ちを汲み取った社長の対応に、いたたまれない気持ちになったと同時に、二度と同じ過ちは繰り返さないと決心したのです。

根拠のない根性論は許さない

営業に対して、根性論的な話をすることはありましたが、なんの根拠もなく、感情だけで突っ走るようなことを、社長はとても嫌いました。かつて社内でそれぞれが来期の売上予測を提出するときがあったのですが、どうしても思っていた数字に届かないという場面がありました。先輩方も「これ以上はさすがに出せません」と口をそろえるしかないという状況です。私としては「社長がどうにかしてほしいと言っているのに、どうして皆さん頑張ると言わないんだろう」と少し感情的になり、「私がやります！」と社長に伝えたんです。すると社長は、「ほな、できんねんな？　それはどんな根拠でできるんや？」と、理詰めで問いただしてくるのです。私が何も言えないでいると、「根性論だけで言うな！」とえらく怒られたことがありました。

私としては、根性論の塊みたいな社長にそんなふうに言われたことに驚かされましたが、改めて考えてみても、気合いで達成できるような数字ではありませんでした。

社長はよく、「あとは根性や！」的なことを言っていましたが、頭のなかではいつも冷静に判断していることがよく分かるエピソードでした。

儲けた分は、人のために投資する

入社した頃は会社が厳しい状況で、毎月支払日の直前になると、社長の顔色が変わっていくのを目の当たりにしていました。ピリピリとしていて、近寄れなかったのを覚えています。

どうにか厳しいときを乗り越えて、会社の業績が上向いてくると、口では厳しいことばかり言っていましたが、社員にはちゃんと報酬というかたちで返してくれました。報酬こそ、一生懸命働いてくれる社員への思いだと考えてくれていたのです。

新しいことをやりたいという社員がいれば、「3年間は任せて頑張らせる。だけど、

3年間で黒字にならなかったらやめさせるぞ」と発破をかけて、しっかりとお金を出していました。

「儲けた分は、次の人のために投資しないとあかん」

そうやって、みんなのなかに種をまいてくれました。だからこそ、master-pieceを立ち上げた冨士松君や、SLOWの深田君といったスターが現れ、井野屋を次の大きなステージへと上がらせたのだと思います。

結局、65歳まで井野屋で仕事をさせていただきました。今でもアドバイザーとして関わらせていただいております。こう考えると、私の人生のほとんどが井野屋一色でした。

私のなかで社長は、尊敬するところと憎く思えるところが共存し、どこか反発したくなる親父のような存在。いくつになっても、親父を越せないもどかしさはありますが……。

この出会いには感謝しかありません。

社員インタビュー

Vol.2

藤井 安

2001年(平成13年)入社。マスターピース事業部に配属され、現在、MSPC株式会社事業部長。

自社工場だから納得いくまで製品づくりができる

ファッション関係の仕事は楽しそうだなと思って入ったのが、井野屋マスターピース事業部でした。当時は、master-pieceを立ち上げた冨士松さんが、ディレクターとして中心になって企画を行っていました。そこに配属された私は、営業から梱包、出荷作業、協力会社への橋渡しをするなど、いろいろな仕事を経験させてもらいました。

私は現在、マスターピース事業部の部長という立場に就いており、企画からデザイン、生産、流通、販売まで、事業全体が円滑に回り、チームワークが発揮できるような環境を整える仕事をしています。

現在、master-pieceはメイド・イン・ジャパンがコンセプトですが、日本でモノづくりを継続していくのは簡単なことではありません。国内の鞄工場は、不況や職人の高齢化、後継者不在の問題などで廃業するところが多く、海外製品の質も日本と遜色ないものになってきています。そのなかで自分たちの思うモノを作り続けるにはどうすればいいのか。とりわけ日本の鞄職人の技術や精神をなくしたくない。そんな思いから、自社工場を持つことになりました。それが、ＢＡＳＥ ＯＳＡＫＡです。

協力メーカーだった野村さんにアドバイザーになっていただき、社内に工場を持つことになったのが、２００８年（平成20年）。これにより、商品開発の精度が格段に向上します。外注メーカーさんだと「これ以上は堪忍してください」と言われながらも無理をお願いしていたのですが、社内工場ならば自分たちが本当に作りたいものを徹底的に追求できることは大きな違いです。

なにより、同じ志を持った人と作れることが大きい。デザイナーから送られたものに対し、生産工場のサンプル師が試行錯誤しながら形にする。今度はサンプル師がデザイナーに提案をする……。そんなセッションを何回か繰り返した末に、元のデザインよりも格段に良いものができあがっていく。master-pieceを良くしたいという同じ志を持った人が力を合わせるからこそ、そのクオリティはますます高まっていったのです。

持つだけで気分を上げるクオリティを追求

master-pieceは、2019年（令和1年）に25周年を迎えました。歴史を重ねるごとに、クオリティとともに業界内での立ち位置も上がり、信頼されるブランドへと成長してきました。

商品はブランドにとっていちばんの核となるものです。ビジネスからカジュアル、トレンドを意識したモノから、ベーシックでありながら気の利いたモノまで、幅広い範囲をカバーしながらも、master-pieceというフィルターを通すことで、高い説得力を持つようになりました。

なかでも追求したのが、クオリティ。品質という意味もありますが、単なる道具としての袋ではなく、持つ人の気分を上げるデザインや機能性を含めたクオリティを追求することで、最終的にどこの鞄よりも満足感があるものに仕上がっていると自負しています。

しかし、これからの激動の時代において、変わらずに同じところにとどまっていることはできません。master-pieceは進化する道を選びました。２０２０年（令和2年）からは、水野と古家というディレクターが新たにフィルターとなり、新たなmaster-pieceを始動します。これからの新生master-pieceに期待していてください。

社員
インタビュー

Vol.3

冨士松　大智

1993年（平成5年）入社。大学卒業後、デザイナーを志望して井野屋へ入社。機能性とデザイン性の融合をコンセプトにした「master-piece」の生みの親。MSPC株式会社初代社長。現在は独立し、「アンバイ株式会社」代表取締役。

デザイナーになるために井野屋に入社

就職するにあたって、建築かファッションのデザインをしたいと思っていました。大手アパレルも受けましたが、完全に専門職と営業職で分かれており、私のような普通の大学を卒業した場合は営業職と決められていました。それではデザイナーにはなれないと思い、専門学校に行こうかとも思っていました。

そんな折、夏前に開催された合同説明会に井野屋のブースが出ているのを見つけたのです。そこに吊ってあったのが、サーフブランドの「クイックシルバー」のリュックでした。私はサーフィンをやっていたので、興味本位で井野屋のブースに足を運んでみることにしました。そして、そこにいた社員の方に「デザインしたいんですけど……」と話したら、「うちの会社だったら、営業がデザインできるから……」と教えてくれたのです。「ここならデザインができるかもしれない」。そう考えて入社したのが、井野屋でした。

私が入社したときの本社は、東大阪市渋川町でした。思わず倉庫と見間違えてしまうような外観で、最寄りの駅からバスを乗り継いで通っていました。当時、東大阪の営業所には10名いて、東京営業所には5名ほど。全部合わせても20名にも満たなかったと思います。エアコンのない倉庫の中で、営業して注文を受けた商品を、自分で梱包して出荷するという日々をひたすら続けていました。正直、思い描いていたアパレルのイメージとはほど遠く、入社当時はヤバいところに来てしまったと思っていました。

メンズブランドをゼロから立ち上げる

入社してみると、確かに「営業がデザインを作る」という意味が分かりました。

営業として、与えられた得意先を回って商品を販売するのですが、次第にバイヤーともコミュニケーションが取れるようになっていき、「これ、売れているよ」とか、「こういうのが次にくるんじゃないかな」といった話ができるようになっていきます。私は新人にもかかわらず、良い得意先の担当になったため、ほかの営業では見られない東京のメーカーの商品も見る機会が多くありました。すると「単に流行を追いかけるだけじゃなくて、もっとこうしたほうがいいんじゃないか」という欲も出てくるようになってきます。

そうやって仕入れてきた情報を基に、先輩と一緒にデザインをしていくのですが、当時やっていたのはレディス。現場を巡っているため、トレンドは分かるのですが、細かい部分は女性でないと分かりません。女性が欲しがる宝石を見ても、男性はなぜ欲しいのかが分からないのと同じです。

そこで、メンズブランドをゼロから立ち上げたいと思い、下手な絵を描き始めたのが、master-pieceの始まりです。

斬新な素材を合わせたメンズバッグはなかなか売れなかった

自分自身が欲しいバッグとは何か？　ちょうどその頃に世間をにぎわせていたのが、アウトドアブームです。なかでもアメリカの「グレゴリー」のバッグパックは人気でした。しかし、それらは山登り用のリュックなので、街で使うにしては無骨過ぎると感じていたんです。

そこで考えたのが、山登り系ではない、タウンユースを主眼に置いたカジュアルバッグでした。デザインだけだと機能性を我慢しないといけないし、機能性だけ求めればデザインが二の次になる。そこで考えたコンセプトが、機能性とデザイン性の融合でした。アウトドア要素もあるけど、街で持てる。デザイン的なバッグだけど機能性もあるというものです。

バッグではタブーとされていた素材を積極的に使いたいし、ユーズド感のある塩縮加工したキャンバス生地や、鞄ではタブーとされていたレザースエードの異素材の組み合わせも面白い。スノーウェアなどに使う機能素材の綿や、洋服の生地に使うハリスツイード、チェックの柄も良い……。

このようにいろいろなアイデアを形にしていったのですが、これまでの得意先に持っていっても、なかなか買ってくれませんでした。というのも、これまでの井野屋で取り扱っていた商品よりも格段に価格が高く、しかも委託販売ではなく完全買取にこだわったため、どこも買ってくれなかったのです。

次第に、縫製メーカーも相手にしてくれなくなります。サンプルを作っても2~3年鳴かず飛ばずなのですから当然の話です。そんななか助けていただいたのが、「野村広」の野村社長でした。

野村さんがいなければ「master-piece」は生まれていない

master-pieceの最たる特徴は、異素材を組み合わせることにありました。それは、鞄では通常使用しない生地ということです。アパレル生地はカットしてもらえず、1反(46メートル)からでないと注文できませんでした。そこで、野村さんに相談したところ、「僕が買ってあげるから、冨士松さんが思うように作りなさいよ」と言ってくれたのです。ここで初めて、自分が求める靴を作れたのです。絵が苦手だったため、口頭で説明しながら、野村さんは3回、4回と切り直してくださいました。これが、のちに大ヒットしたINDYです。

野村社長がいなければ、master-pieceは生まれなかったと思います。野村社長がチャンスをくれたのは、ありがたいことでした。

1人ブランドマネージャーから、4人体制へ

1997年（平成9年）ごろから、master-pieceが軌道に乗り始め、ブランドマネージャーとして、晴れて専属になります。売上も大きく伸びていきましたが、当初は一人でmaster-pieceを切り盛りしていました。

そんななか、私が29歳のとき、大きな交通事故に遭います。そこから数カ月、出社できないという事態になったのですが、master-pieceの人気はすでに本格化しており、勝手にオーダーは入ってくる状態だったため、入院しながらも売上はしっかり確保することができました。

3～4カ月と入院が続くうちに、アシスタントとして藤岡高志君（現・LIAL WORKS INC代表取締役）が加わって2人体制になり、時を置かず新入社員も加わって4人体制になりました。

人数が増えたことで、私自身の動きも大きく変わりました。当初は営業もやっていたのですが、企画と全体の統括をするようになり、ブランディングに注力していくようになったのです。このとき、私はまだ30歳でした。

井上社長とのパリ珍道中

master-pieceの人気が出てきた頃、パリの展示会に出させてもらうことになりました。ちょうど、得意先のセレクトショップがヨーロッパに買い付けに行くという話を聞き、「視察に行きたい」井上社長に打診したところ、社長も行きたいと言うので2人でパリに行ったことがあります。

2人とも初めてのヨーロッパ、初めてのパリ。どこに行けばいいか分からず、見よう見まねで飛行機に乗ったところ、たまたま得意先の方を見つけて、くっついて行きました。

ホテルは、展示会の場所から離れていたのですが、とりあえずエッフェル塔の近くを押さえました。ホテルに荷物を置いて早々、エッフェル塔に登りに行こうと社長が言い出します。それも階段で上がろうと言うのです。「こんな時間があるならば、もっといろいろと見たいけどな」と思いながら、2人で頂上まで登りました。

その後、ご飯を食べる場所が分からず、仕方ないのでスーパーで酒とつまみを買って、ホテルでチェックインをして部屋に入ったところ、社長と2人、ダブルベッドの部屋だったというのは笑い話です。

その部屋でワインを飲みながら、「社長が僕の年齢（当時27～28歳）のとき、何をしてました？」と質問したら、当時のことを語ってくれました。

ちょうど独立した頃で、当初は調子が良くて派手にやっていたけれど、急に業績が落ちたときは大変だったことなどを話してくれました。レンタカーに鞄を詰め込んで得意先をあちこち回るなか、お腹が空いてきた。だけど、お金がない。ガソリンにするか、飯を食うか迷った挙げ句、ガソリンを入れ、夕方になると、ご飯がありそうな得意先にわざわざ行ったとか。本当に会社が厳しかった頃には、「このまま壁にぶつかったらええんちゃうか」と考えながら運転していたら、ラジオで坂本 九の『上を向いて歩こう』が流れて……。そんな話を聞いていたら感動してしまって、涙をボロボロ流してしまいました。

その後、日本に帰ってきてから、社長はことあるごとに「お前、あのとき泣いてたな」とよくイジられましたね。

でも、創業当時はすごい思いでやってきたということが分かりました。やはりサラリーマンと、自分で会社をやっている人では、まったく強さが違う。そう感じさせるところが、話の節々に出てきました。あのときに話してくれたことは本当に勉強になったし、今でもよく覚えています。

ＭＳＰＣ株式会社を独立採算制へ

master-pieceは順調に売上規模を拡大し続け、それに伴って求められる質の高さも向上していきました。従業員は増えて、鞄業界ではいただけないような給料もいただいていました。サラリーマンとしてはなんの不自由もありません。そのなかでも、やりたいようにやらせていただけるという状況はなかなかあるものではありません。

ただ、流行のなかには、自分の好きなものと、好きじゃないものがあります。しかし、どんな状況でも、常に売上を上げていくことが企業としての使命です。売上を保つために商品の幅を広げ、求められている商品を作る。ある程度のボリュームが求められるため、1シーズンごとに新作を出し続けなければいけない。自分の好き嫌いを言ってはいられません。

しかし、それを続けていくと、自分のなかにドキドキやワクワクが薄れていくように感じました。そこで、「独立採算にしてもらえませんか?」と社長に伝えることにしたのです。その当時、私は34歳でした。「分かった」と社長は言ってくれましたが、話はなかなか前に進みません。当時、master-pieceの生産工場(現・BASE OSAKA)を造るとか、海外に自社工場を建設するなど、いろいろな案件が重なるなか、井野屋もmaster-pieceもすごい勢いで成長し続けていました。そうこうしているうちに、5年の歳月が経過します。

そのうち、井野屋ではやれないけど、私としては勝負したい案件がありました。赤字だとしても、お金があればやってみたいと考えた私は、「会社を分けてほしい」とお願いします。社長のなかでも売上が20億円に達したら、master-pieceを分社化しようと考えていたということで、２０１２年（平成24年）、ＭＳＰＣ株式会社が誕生します。

私は社長として新たなステージに立ちましたが、半年後、井上社長と譲り合えない部分があり辞任。井野屋を離れた私は、２０１３年（平成25年）にアンバイ株式会社を立ち上げることになりました。

井上社長と私は30歳以上も年齢が離れているうえに、趣味やファッションの感覚がまったく合いません。社長とはまったく違うタイプだと思います。

しかし、商売人、経営者として尊敬する部分、感じる部分はすごくありました。一言でいえば、根性と忍耐力がある。それも別格にある。お金を詰めるところはとことん詰め、逆に使うべきときにドカンと使う場面を、20年間、何度も目の当たりにしてきました。

そんな井上社長というお手本がなければ、今の私はありません。これからも、迷ったときは井上社長ならばどうしたかを振り返り、長く続けていきたいと思っています。

社員
インタビュー

Vol.4

恵 正樹
西田 有宏

2007年（平成19年）入社。BASE OSAKAの初期メンバー。恵は生産管理を、西田は製造全般を担当。熟練の職人たちの技術と精神を若手に継承すべく、BASE OSAKAを率いている。

恵　master-pieceの自社ファクトリーとして2008年（平成20年）に生まれたBASE OSAKAは、昨年ブランド25周年を迎えるのを機にリニューアルしました。300平方メートルの敷地に設備や環境を充実させ、これまで以上に品質と生産性の向上を目指し、「世界に誇るバッグファクトリー」と「日本の鞄づくり継承の場」として動き始めました。

西田　ほとんどの鞄メーカーがコストの安い海外で生産しているなか、国内にファクトリーを持っているのは、日本の「モノづくり」を支えてきた技術や精神を残したいという思いから。現在、BASE OSAKAでは20~70代までの職人が一つのフロアで仕事をしています。縫製師に裁断師、パタンナー、生産管理、修理、検品といった、さまざまな職種の従業員が30人在籍。私はそこで生産を見ているのですが、熟練の職人から技術と知識を、若手からは常識にとらわれないアイデアを伝え合うことで、新たな相乗効果が生まれています。そこから、モノづくりの技術と精神を継承していければいいと考えています。

惠　企画と生産の現場が密に連携を取れることが自社ファクトリーの強み。お互い満足のいくまで何度も試作が重ねられ、プロダクトとしてのクオリティや使い勝手をひたすら追求しています。ここで私は、生産管理として材料の仕入や検品を担当しています。master-pieceの商品は異素材の組み合わせが多く、工程数もとにかく多い。ファスナーの引き手や生地、テープなど、高いオリジナリティを追求するため、組み合わせの品番が莫大な量になるんです。それをしっかり把握して仕様書や見積書を見ていくのは、なかなか大変な作業です。でも、それができるのが、BASE OSAKAの強みだと思います。

西田　私が鞄づくりで大切にしているのは、丈夫であることです。こちらが想定しているより、乱暴に使われる方がいらっしゃるので、少々のことでは壊れない頑丈さにはこだわりたいですね。同時に、鞄は人の目に留まらなければ意味がありません。目を引くためにも、シルエットは大事な要素。企画と距離が近く、良い意味でけんかをしながら、モノづくりができるのがいいところですね。

惠　BASE OSAKAが始まった頃に入社した社員は、今は中堅クラスになり、新入社員を教えています。課題は、30～50代がいないこと。モノづくりの技術と精神がスムーズにバトンタッチできるようにしていきたいです。

西田　これから今の若い世代の職人が一人前になって、5～6人でチームを回せるようになれば、もっといろいろなことができると思うんです。例えば、BASE OSAKAは今、生産が主体ですが、それに付随する修理とか、ワークショップなどもできれば面白いですよね。うちのファクトリーの強みは、熟練の職人たちがいることです。生産工場というだけでなく、モノづくりに関連することを仕事としてやっていけたらいいなと思います。

社員
インタビュー

Vol.5

深田　義人

2001年（平成13年）入社。「SLOW」を立ち上げ、ディレクターとして商品企画や製作を担当。現在、国内に直営店を九つ展開。栃木レザーを使い、熟練の職人が仕上げる欧米トラディショナルスタイルが人気。

自由度の高い会社だと思った

大学までずっと野球をやってきて、社会人野球を持つ会社に内定をもらっていました。でも、「プロに行ける人でないと、将来が見えない」と内定を断り、急遽就職活動を始めたんです。もともとアメカジとか古着には興味があったので、ファッション関連がいいかなと思っていたところに、たまたま井野屋の募集を見つけたのです。調べてみたら、そこに社員さんたちのコメントが載っていて、自分次第で企画も営業もできる自由度の高い会社だと思いました。自分次第でステップアップできるなら、やってみようかと思い、井野屋への入社を決めました。

入ってみると、社員が毎晩遅くまで商品の梱包と発送をしているようなところで、当初はすごいところに入ってしまったと思ったものです。

井野屋では、営業がどんな顧客に対して、どんなモノを作っていけば良いのかを考えます。得意先を回り、バイヤーさんと話をするなかで、売れ筋やマーケット全体を見渡せることもあり、井野屋では営業がブランドを作ってきたのです。

私は営業を5年間やってきました。実績を残せたこともあり、上司からブランドを考えるように言われたのです。そこから、ユニセックスブランドのＣｒｅｅｄ、そのあとにＳＬＯＷを立ち上げました。

「ＳＬＯＷ」は、ゆっくりとモノづくりを追求したいというコンセプトから誕生

私がブランドを立ち上げる際に、まず考えるのがコンセプトです。そこからコンセプトに連動するようなブランドネームに落とし込んでいきます。

ＳＬＯＷであれば、Sports・Luxury・Outdoor・Workの頭文字から取っており、移り変わりの激しい時代に流されることなく、ゆっくりとモノづくりを追求していきたい

というコンセプトから生まれたブランドネームです。

「自分たちが持ちたくなるモノを作る」を原点に、使うほどに味わい深くなるモノ、ゆっくり長く愛用できるモノを、日本の職人が誇る技術を駆使して創作しています。

分かりやすくいえば、ルーツですね。変わらない良さと、変わらなければいけない部分を常に考え、カジュアルだけど品のあるモノを作りたい。そんな思いを、デザインに落とし込んでいます。

素材には栃木レザーを使い、熟練の職人たちがハンドメイドで仕上げているのが特徴です。そのため、ショップにはファクトリーを設置し、ほぼすべての工程を自分たちのところで完結させられるスタイルにこだわってきました。職人がいるファクトリーが近くにあることで、最終消費者であるエンドユーザーが、私たちのモノづくりを身近に感じられるようになります。

最終的には人と人

私は、エンドユーザーから認知してもらってこそのブランドだと思っています。では、認知する消費者の絶対数が多くなればブランディングができているのかといえば、必ずしもそうではありません。ブランドとは、消費者からしっかり評価をもらえてこそ成り立つものだと思っています。そういう意味で、バイヤーや小売店の評価ではなく、消費者にダイレクトに伝わるものでなければいけないのです。

直営店では消費者と面と向かえるので、こちらが伝えたいことが伝えられますし、消費者が求めるものがこちらにも分かるのです。直営店をやっているのは、消費者との距離感を大切にしているからなのです。

私からすれば、いいモノを作るのは当たり前です。なので、最終的に人と人だと考えています。つまり、ファクトリーに来たユーザーが、私たちにしかできないモノづくりを求めるということです。消費者にどれだけＳＬＯＷというブランドを好きになっていただけるかが大切なのです。

そのためにも、スタッフ一人ひとりがＳＬＯＷというブランドをしっかり理解し、好きになれるように動いていけるかが、今後のＳＬＯＷを決定すると思っています。

社長が背中を押してくれたから、今の「SLOW」がある

今の環境は恵まれていると思います。自分でやりたいことに、会社から投資をしていただける状況なのですから。それを自分だけでやるとしたら、大きな投資はできません。大阪の南堀江にSLOW第1号店の物件を見に行ったときも、決めあぐねている私の背中を押してくれたのは、井上社長です。あの一押しがなければ、今のSLOWはなかったと思います。それは今も昔も同じだと思いますが、私がブランドを立ち上げた頃がいちばんやりやすい環境だったのかもしれません。

私から見た井上社長は、社員一人ひとりの意見に耳をしっかり傾けて、信用して任せてくれるという印象があります。その代わり、期限内に成果を出すことが条件。そのプレッシャーが社員をより成長させるのだと思います。

社長自身、ご病気になる前は現場によく出ていらっしゃいました。元気な頃は、若い社員よりもどんどん前に行くようなバイタリティがありました。それが、海外委託生産や海外自社工場などにいち早く目を付け、井野屋を大きくしていった理由なのだと思います。

社員
インタビュー

Vol.6

水野　美智雄
古家　幸樹

水野／2009年（平成21年）、古家／2013年（平成25年）MSPC株式会社に入社。master-piece×mizunoのコラボを成功させ、バッグブランド「ｎｕｎｃ」を立ち上げ活躍。2020年（令和2年）よりmaster-pieceのブランドディレクターに就任。

ブランドディレクターとして立候補する

水野　master-pieceが今後さらなる成長を遂げるためには、もっとみんなが一つになって団結しないと難しい時代になるのではないか。そんな危機感から、私と古家でブランドディレクターに立候補しました。「そういう気持ちならば、やってみろ。応援するから」と社長も専務もすぐに判断してくれました。昨年25周年を迎え、ちょうど節目のタイミングの2020年（令和2年）から、新生master-pieceをブランディングしていくことになりました。

古家　四半世紀にわたって、master-pieceというブランドが存続してきたこと自体、本当にすごいことだと思います。ブームが来る前から、ずっとメイド・イン・ジャパンでここまでやってきたんですから。多くのブランドがコストの安い海外生産に移行するなかで、ほぼすべての製品を自社ファクトリーＢＡＳＥ ＯＳＡＫＡで生産している。そのなかで良いモノを追求していくことがどれだけ難しいことか。さらに、それを国内外にある直営店舗で販売するスペシャリストたちもいる。私たちより経験値が高い方たちばかりです。そこで私と水野は半年かけてmaster-pieceのすべての拠点を回り、私たちが考えるmaster-pieceの方向性を伝えてきました。

水野　これまで、皆さんがそれぞれ責任感を持ってやってきたブランドです。言い換えれば、それぞれが考えているmaster-pieceがあるということ。どれも間違ってはいないけど、逆にいろいろなmaster-pieceがあり過ぎて、消費者としてはイメージしづらいのではないか。ならば、一度リセットして、新たなmaster-pieceに仕立て直せないかと思ったんです。これからの時代に合った新たなmaster-pieceをつくっていきたいと思っています。そんな意思の表れとして、ブランドロゴも一新しました。オーセンティックなデザインのなかに、これまで培ってきたmaster-pieceらしさを入れ込んだものに生まれ変わりました。

古家　ブランドロゴはこれまでに実は30種類もあったんです。それぞれが時代に対応したデザインだったんですが、認識を統一する意味合いも込めて、ロゴとネームをリニューアルしました。今後は、ブランドターゲットを30代前半の男性を軸に、よりソリッドなスタイルへと進化させていきます。ブランドターゲットと同じ年齢の自分たちが、カッコいいと思えるものにしていくので、楽しみにしていてください。

これからは日本人と向き合う時代

古家　master-pieceは、国内はもちろん、海外での人気も高いブランドです。台湾には直営店が四つもあり、メイド・イン・ジャパンのバッグブランドとして、インバウンドでも売上が高かったブランドです。しかし、新型コロナウイルスにより、これまで思い描いていたブランディングを修正しなければいけなくなりました。これまでのようにインバウンドでの売上が期待できなくなった今、これからは今まで以上に日本人と向き合わなければいけないと考えています。それによって再出発するのではなく再発見をしていきたいと強く思っています。

水野　直営店でイベントをやるとか、これまで以上にエンドユーザーと直接つながることができる部分をつくっていき、カッコいいよねとアピールするだけでなく、だれにアピールしていけばいいのかをより明確にしていくことが重要ですね。

古家　「planb master-piece（プランビーマスターピース）」というレーベルでは鞄だけでなく、移動自体をデザインするのがコンセプトです。例えば、母の日に送るブーケを入れるためのショッパーを作り、ＳＮＳで発表したところ、とても大きな反響を呼んだんです。このように、バッグのデザインをショッパーに落とし込むような異種コラボにも積極的に挑戦していきたいですね。

水野　新型コロナウイルスの影響により、今後外を出歩くことが少なくなるかもしれません。仕事もテレワークが中心になれば、ビジネスバッグも売れなくなることだって考えられる。

古家　社会がめまぐるしく変化していますが、私たちは鞄をベースにしつつも、鞄というフィルターを通した何かを常に探求する柔軟な動きをしていかなければいけない。

そのためにも、いろいろな角度からの視点もブランドに落とし込み、トータルバッグブランドとしてのmaster-pieceをつくっていきたいですね。

おわりに

おかげさまで、井野屋は1963年（昭和38年）の創業から数えて、58年目を迎えることができました。私自身、鞄業界に身を置いてから68年という歳月が過ぎました。さまざまな苦難に出会いましたが、その苦難を乗り越えるたび、少しずつではありますが成長することで、なんとかここまで続けてこられました。

これまでの人生を振り返ってみれば、まさに鞄に捧げた人生だったと思っております。ここまで一つのことをやり続けてこられたのは、なぜなのか。

ただがむしゃらに走り続けてきたので、あまり考えたこともありませんでしたが、今回本を執筆するにあたり、これまでの人生に思いを馳せてみました。そのときに思い浮かんだのが、「愚公山を移す」という言葉です。

中国の春秋戦国時代に書かれた『列子』という思想書に出てくる昔の物語です。「どんな困難なことに出会っても、ひたすら努力すれば成就する」という意味の例えに使われる言葉ですが、私はその寓話の内容が好きなので、お伝えしておきましょう。

昔、大きな二つの山に囲まれたところに愚公さんという老人が住んでいました。出かけるたびに山を避けて遠回りすることにうんざりしていました。この山があったら子孫のためにもなりません。そこで、一族を集めて山を崩し始めます。様子を見た人は、「いつになったらできることやら……」とばかにします。それに対し、愚公さんはこう答えたといいます。

「この山は高いけど、私が死んでも子どもは生き残り、その子どもは孫を残し、その孫がまたひ孫を残していく……。子々孫々と掘り続けていったら、いつか山は平らになるときがくるはずだ」

この話を耳にし、山が崩されることを心配した山の神は、天帝に愚公に天罰を下すように注進します。しかし、天帝は逆に愚公の行いに感心し、力持ちの手下に二つの山を背負わせて、遠くに運ばせたという話です。

この寓話を知り、愚公さんを自分になぞらえて考えました。大阪の片隅で始めたちっぽけな会社だった井野屋が、鞄業界の一端を背負うまでの企業になるとは、当時だれが想像したでしょう。しかし、愚公さんよろしく、社員たちとともに日々直面する課題に対峙し、解決してきたからこそ今があるのです。

この会社を子々孫々と続けていくには、その土台をしっかりと築くのが私の役目と考え、これまで無我夢中にやってきました。

まだ道半ばのこともありますが、85歳となった今、この思いをこれからの若い世代へ引き継ぎたいと考えたことから、本書の執筆へとつながりました。

しかし、執筆し始めてからすぐに、世界の状況が一変しました。新型コロナウイルスの蔓延です。コロナ禍により、鞄業界はこれまで経験したことのない事態を迎えています。外に出て、人に会うことさえままならない今、当然売上は大きく落ち込んでいます。

アパレル関連の有名ブランドが、軒並み廃業に追い込まれているというニュースも多く飛び込んできています。

こんな状況でファッションは必要あるのか？　そんな疑問を持つ人も多いに違いありません。

しかし、こんな時代だからこそファッションは必要であると、私は考えています。鬱々とした日々のなかであっても、心に新たな光を差し込み、所有することに喜びを覚えるモノは、こんな状況下でも確実に売れています。ただ、無駄なモノが淘汰されるのは間違いありません。

「時代や人々が本当に求めるモノはどんなものなのか？」

その答えを見つけ出し、自分たちの考えやあり方を変化していければ、必ずやこの荒波を乗り越えていけるはずです。

その答えを見つけるにあたって、これまでもいくつもの荒波を乗り越えてきた井野屋が進んできた道のりが参考になるかもしれません。そんな思いも込めて、本書を執筆しました。

本書の終わりに際し、私をこれまで支え、助けてくださった多くの皆さまに、心から御礼を申し上げます。

これまで取引してくださったチェーンストア、専門店、小売店、仕事を一緒にしてくださった縫製メーカーの皆さま。井野屋を支えてくださり、感謝しております。

これまで井野屋を盛り立ててくれた社員の皆さん。私の鞄人生を一緒に歩んでくれて、ありがとうございました。

私の人間としての土台をつくってくださった私の母校・大津東高校（現・滋賀県立膳所高等学校）の先生方とボート班の皆さん。苦しい練習が私の忍耐力の源となりました。

そして、私の両親と姉弟、大津の親戚の皆さま。井野屋が危機的状況にあるときに助けてくださったことは忘れません。

最後に妻と子どもたち、孫たち。これまで数々の荒波を一緒に乗り越えてきてくれました。あなたたちがいなければ、ここまでくることはできませんでした。心から感謝しております。

本書が、これから鞄をはじめ、ファッション業界で働く皆さんのヒントになることを祈っております。

２０２０年９月25日　株式会社井野屋　代表取締役　井上和夫

井上 和夫（いのうえ・かずお）
Inoue Kazuo

1935年、滋賀県大津市生まれ。株式会社井野屋代表取締役。滋賀県立膳所高等学校出身。高校卒業後に鞄卸業者へ入社した当初から独立志向が強く、企画、営業、貿易実務を経験した後に独立。創業４年後には株式会社へ改組。国内バッグ業界でいち早くSPA（製造・小売）を導入し、メンズ、レディースともにファッション性の高いバッグを手掛けながらも、利益重視の事業を展開。中国などでの生産・販売にも他社に先駆けて着手するなど業界をリードしたことが評価され、日刊工業新聞社の第27回優秀経営者顕彰や中国山東省莱西市栄誉市民の称号を受けている。

本書についての
ご意見・ご感想はコチラ

鞄一筋

2020年9月25日　第1刷発行

著　者　　井上和夫
発行人　　久保田貴幸

発行元　　株式会社 幻冬舎メディアコンサルティング
〒151-0051 東京都渋谷区千駄ヶ谷4-9-7
電話03-5411-6440（編集）

発売元　　株式会社 幻冬舎
〒151-0051 東京都渋谷区千駄ヶ谷4-9-7
電話03-5411-6222（営業）

印刷・製本　瞬報社写真印刷株式会社
装丁　　　中村陽道

検印廃止

Printed in Japan
ISBN 978-4-344-92815-2 C0034
幻冬舎メディアコンサルティングHP
http://www.gentosha-mc.com/